料理

本番の味、食べてみる

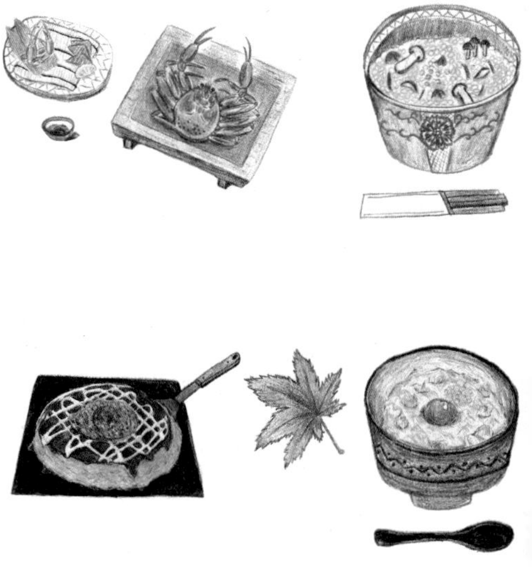

華東理工大學出版社
EAST CHINA UNIVERSITY OF SCIENCE AND TECHNOLOGY PRESS
·上海·

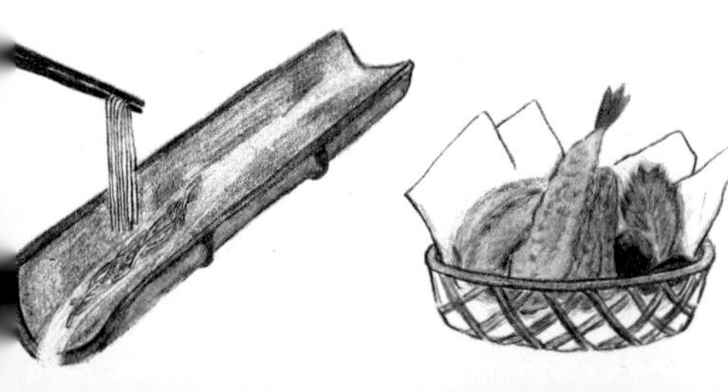

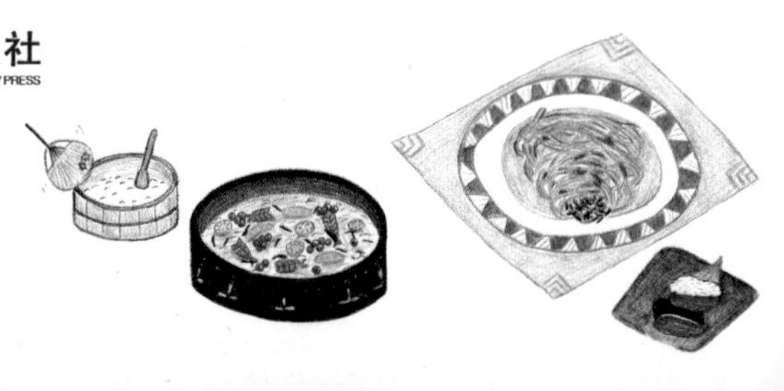

图书在版编目（CIP）数据

在日本·料理 / 毛丹青主编 . -- 上海 :
华东理工大学出版社 , 2018.5
ISBN 978-7-5628-5445-6

Ⅰ . ①在… Ⅱ . ①毛… Ⅲ . ①菜谱－日本－汉、日
Ⅳ . ① TS972.183.13

中国版本图书馆 CIP 数据核字 (2018) 第 082977 号

策划编辑 / 王一佼
责任编辑 / 叶聪颖　徐瑶
装帧设计 / 李泽概　王翔
出版发行 / 华东理工大学出版社有限公司
地址：上海市梅陇路 130 号，200237
电话：021-64250306
网址：www.ecustpress.cn
邮箱：zongbianban@ecustpress.cn
印　　刷 / 上海盛通时代印刷有限公司
开　　本 /787mm x 1092mm 1/16
印　　张 /10
字　　数 /150 千字
版　　次 /2018 年 5 月第 1 版
印　　次 /2018 年 5 月第 1 次
定　　价 /39.8 元

IN JAPAN

山口

维新之道和河豚之路

大众观光客难免会觉得山口县是个乏善可陈的地方，因为常常不能第一时间想到有什么可玩的。别说是外来者，就连我和日本朋友聊天，试图总结此地的看点，彼此都很发愁，好不容易凑出了三个关键词：河豚、獭祭和明治维新。

扫描二维码同步收看
山口县视频

虽说河豚和獭祭都是山口县特产，但如今前者在日本各地都能吃到，后者更是一路卖进了各大国际机场，并非一定要造访原产地才能一饱口福。但“明治维新”四个字却显然意义非凡，它让这个位于日本本州最西端的县在历史迷心中绘上某种理想主义的色彩：如今县厅所在地山口市，曾是幕末时期的长州藩厅，而正是长州藩有志之士主导的明治维新，才将日本带入了近代社会——从这个意义上来说，日本的历史是被不起眼的山口县改变的。

也是这个转折点，奠定了这片常被观光客忽视的土地之于日本整个国家层面的意义：从明治维新后伊藤博文出任初代内阁总理大臣以来，这里先后诞生了 18 代共计 8 位总理大臣：伊藤博文 4 次、山县有朋 2 次、桂太郎 3 次、寺内正毅 1 次、田中义一 1 次、岸信介 2 次、佐藤荣作 3 次，众所周知，连如今的安倍晋三也是山口县人——毋庸置疑，它是日本第一首相辈出的县。

和大多数人一样，在造访山口县之前，我对它的了解也就这么多了。

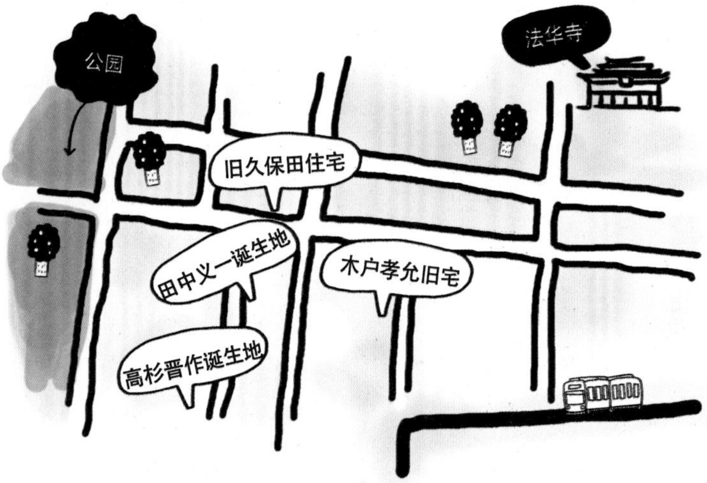

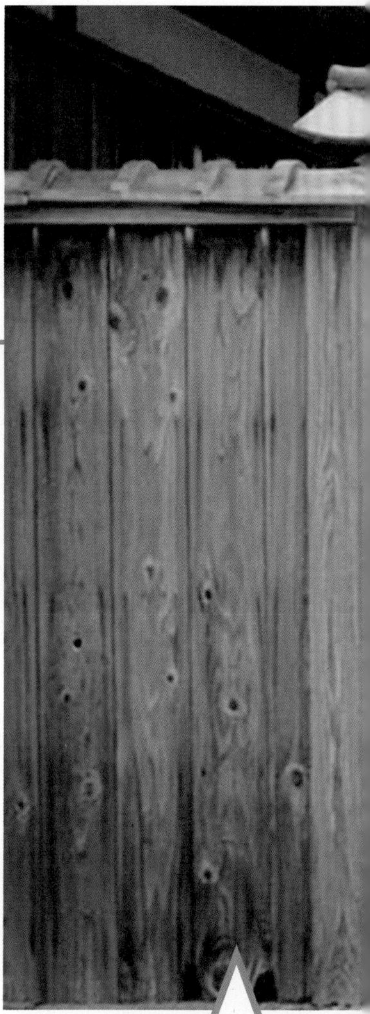

萩城下町

一个在 400 年中不曾变化的瞬间

想最快了解一个城市，就要从散步开始。始于街道的散步，最佳之选是城下町。距离山口市大约一个半小时车程的萩市，至今拥有日本屈指可数保存完好的城下町：日本人喜欢把各地残留着历史风情的小城称之为“小京都”，以至从北边的弘前到南边的知览涌现出 53 个小京都，在这其中公认的前三名是：1. 金泽；2. 萩；3. 尾道。相对金泽和尾道，偏僻小城萩市的交通稍有些不便，但万幸于此，令这历史的街道得以保持安静与悠闲。漫步于其间，想象力会得到最大的发挥：作为江户时期雄藩之一的长州藩，曾经是如何的热闹与繁荣呢?

来到萩城城下町的人，最为难忘的景象是从黄色土塀里随处探出头来的橘子树。听说若是到了夏天的收获季，树枝上会挂满黄澄澄的果子，偶有主人站在墙头摘取果子，见到外来者便递上一个，热情地寒暄上几句。这种果子在当地被称为“夏蜜柑”，四季都能在土产店里买到加工好的丸渍品，把果肉掏空后腌制一番，再在里面塞上羊羹，小巧可爱。当地居民也把这一幕视作城下町引以为豪的代表风景，路遇稍有些阅历的人，兴许还会告诉你这其中的典故：明治之后废除了武士制度，为了救济失去工作的士族阶层，才开始种植起这些蜜柑来。夏蜜柑的开花和收获几乎在同一时间，进入 5 月便逐渐开花，中旬刚过，整个城下町都飘浮着甘甜的香味，这花如今也已是山口县的县花了。

木户孝允
× 旧宅

今日

若没有一张地图，你很容易在萩城的城下町迷路。町内的武家建筑都十分相似，高高的土塀蜿蜿蜒蜒，每往前一段便会遭遇拐角，并不能一路直行到底，必须时刻作出选择：往左还是往右？这种设计在日本建筑中被称为“键曲”，是武家为了抵御外敌侵入和攻击的一种样式，实用性远大于观光性。于今天热爱冒险的旅行者来说，如果没有目的地，尽情迷路也是一件趣事。

初次造访萩城，最令我感动的是：整座小城以历史上的原本姿态好好地残留在那里。在善于保护传统的日本，名胜古迹不在少数，但街巷能够以这般完好的程度将历史设计延续到今天，萩城的城下町依然是一个难得的存在。这也就是为什么，相比那些可以驾车游览的景点，这里绝对要靠步行才能体会其意蕴：以和历史上的人们同样的步速漫步在町中，尽情打开五感，会发现很多街头墙角才有的小惊喜，想象力也会得到极大的膨胀。走在萩城的街道上，时间是一场奇妙的法术，令人升起一种自己也化身为江户人的错觉，也许在下一个转角就会偶遇哪个维新志士迎面走来吧？这不是上天赋予这个小城偶然的幸运，而是生活在这里的人们因为了解并珍惜这段历史，竭尽全力将它好好保存和继承下来的结果。

黄壁白墙、狭窄小巷、诸豪商木造家屋，毫发未损。萩城城下町是一个在400年中不曾变化的瞬间。有趣的是，从这里出去的维新志士们却让日本发生了翻天覆地的变化。今天你能在这里窥见他们在这个国家掀起轩然大波之前，短暂平静的旧时生活剪影。在萩城，高杉晋作、桂小五郎和伊藤博文都是邻居，旧宅的门票只要100日元。高杉住在荣获了“日本道百选”的菊屋横丁，管理旧居的工作人员跟我讲了一个故事：高杉小时候其实是个胆小的孩子，为了锻炼他的胆量，父母便每天给他看天狗面具，也不知是否该归功于天狗大人的力量，他最终成为一代志士。桂小五郎则出生在隔壁的江户屋横丁上，彼时他的名字还叫作木户孝允，直至二十岁前往江户修行剑术之前，他一直生活在这里。

改变日本的转折点

松阴先生和明治维新的胎动之夜

高杉晋作和桂小五郎后来的故事，要放到不远处的松下村塾来说。松下村塾位于今天的松阴神社境内，这间神社是当地人为了供奉明治维新的先觉思想家吉田松阴而修建的，至今当地老百姓仍把吉田松阴视作“维新之神”，若是提起这个人来，人人都会恭恭敬敬地尊称一声“松阴先生”。一个公认的事实是：没有长州藩就没有明治维新，而推动长州藩的人物正是吉田松阴。

吉田松阴出生于1830年的萩市，传说他少年时便对学问有着异人的才识，被惊呼为神童。他对世界各国发展抱有莫大关心，22岁时便借东北游学的计划脱藩，又在黑船来航时决然前往伊豆下田，寻求海外渡航。一个希望了解世界的新潮年轻人，在闭关锁国的江户政府眼中自然是不可纵容的异类，最终他未能实现漂洋过海的梦想，被政府逮捕后辗转于下田、江户和萩市的监狱中。即便在幽禁中，他仍向藩主提出了“新国家形态”的意见书，忧虑于日本的未来。

松陰神社

1856年，被囚禁在萩市松本村老家的吉田松阴，继承了叔父经营的松下村塾，开始向附近下级武士的子弟教授《孟子》和赖山阳的《日本外史》，其“不问士农工商出身，来者不拒”的教育理念，吸引了众多求学者。实际上，吉田松阴经营这间私塾的时间只有从27岁到29岁这短短两年，随后他便被斩首，但正是在这短暂的时光里，松下村塾涌现出一大批明治维新人才：在维新成功前死去的高杉晋作、久坂玄瑞、入江九一，以及后来在明治政府担任要职的伊藤博文、山县有朋、品川弥二郎、山田显义、野村靖……个个都是振聋发聩的名字。

了解明治维新之于日本意义的人，第一次看到松下村塾时，没有不惊呼一声的。它实在太寒碜了，就是一间破破烂烂的小木屋，从这样一间仅有 50 平方米的小小的房间里，竟然培养出许多日后领导这个国家的大人物，实在令人惊叹。据说起初还更寒碜些，仅仅只有八叠榻榻米大小，一天人数最多的时候，竟然有 30 人同时在学习，后来实在坐不下，才又增建了一间约有十叠半榻榻米大小的房间。

吉田松阴的教育主张主要有如下几个方面：正值国家变革之际，超越身份和藩属的人联合起来行动是必要的，这便是日后流传百世的“草莽崛起论”；通过自己的眼睛和耳朵搜集和分析信息的能力是非常重要的，这被称为“飞耳长目论”，在松下村塾里，有名为《飞耳长目》的小册子，用今天的视角看，就是搜集信息的大数据库。那些前往江户、京都和大阪的塾生及往来商人，通过书信将国内最新形势和信息送回来，统统装进这个文件夹里。这也是为什么在萩市这样一个边境之地，人们竟然能随时把握天下情况，并以此为判断基准而采取正确的行动。在吉田松阴看来，学问也不只是单纯地汲取知识，更应该从解决现实问题的角度出发去思考，即“实学”。例如他在教授历史的时候，常会把关原之战拿出来当案例，因为对于萩市的年轻人来说，毛利家和德川家的对决，是一个现实问题。

吉田松阴尊重塾生的个性，在了解每个人学力和性格的基础上，实行发挥各自长处的教育方式：“无论是聪明的人还是愚笨的人，一定都有各自的才能”。十九岁的高杉晋作刚入松下村塾时，还是一个不精学术的年轻人。松阴敏锐地捕捉到他身上超人的直感力，使之得以最大限度发挥。后来，高杉晋作在下关集结成奇兵队，理念便是基于松阴所提倡的“草莽崛起”，不分地位贵贱，聚集有志之士——这支队伍后来成为明治维新的原动力。

1968 年，明治维新 100 周年纪念之时，松阴神社的鸟居门口立起了一块大大的石碑，上书“明治维新胎动之地”几个大字，由当时的总理大臣佐藤荣作亲自书写。在这块石碑前，一位负责讲解的工作人员向众人讲起吉田松阴传奇的一生，他显然从这个人身上看到了更加广阔的意义：“虽然这是松阴先生的业绩，但是也多亏当时的国主的开明，建立了以学问治国的方针。大家都积极学习，学问是塑造人的，所以才有了今天的局面。”

吉田松阴 × 旧宅

山口真好吃

从下关河豚到岩国寿司

在山口县看到的标语，最多是明治维新，其次是河豚。

从新下关站走出来，沿街均是可爱河豚造型的灯笼，周边打出各种河豚招牌的店家也不在少数。下关市是日本河豚捕鱼量第一的城市，其他地方把河豚读作“ふぐ”，只有在这里变为了“ふく”的特别读音，因为是“福”字的谐音，说起来喜气洋洋。下关人捕获河豚后，首先会去除带有毒性的内脏部分，加工成安全制品运输到东京和大阪等地。这中间还有个小插曲：因河豚有强烈的毒性，为它牺牲性命的食客频出，山口县一度将河豚列为官方禁鱼，直至 1888 年伊藤博文访问下关之际，前往高级料亭春帆楼大吃了一顿河豚的满汉全席，他惊叹其味美，于是极力说服当时的山口县知事，才令河豚得以解禁，并于 100 年后被指定为山口县的县鱼。

如今在下关，人人都能以实惠价格吃到一顿河豚的满汉全席。我们造访了当地一家名为“平家茶屋”的名店，已有43年历史，坐在包间里能将关门海峡的最佳景致尽收眼底。在这家店里，以人均10300日元的价格便能吃到一顿豪华的河豚套餐，从河豚刺身、油炸河豚、河豚烧卖、河豚火锅到河豚杂炊，能将所有河豚制法吃个遍。也许还能在这里遇到名人，我在走出门的时候，就看到玄关处赫然摆着一张合影，照片中站在老板旁边的安倍露出了满意的笑容。

河豚之美味，实属一种难以描述的微妙味觉。日本头号美食家北大路鲁山人很早之前就对下关的河豚赞不绝口，他曾在一篇文章中写道：“如果有人要问在日本食物中最为美味的是什么，我想说那就是河豚。在东京几乎没有吃河豚的机会，所以我真的很羡慕住在德岛、下关和出云一带的人，他们从入冬到早春之间，几乎每天都能吃到河豚。去年一月，我为了挖陶土到九州的唐津去，为研究天然甲鱼顺便还去了柳河。从九州返回东京，途经下关，在下关的“大吉”品味了河豚。照例是没有任何味道的，但却照例有着不可思议的诱人魅力。白味噌的汤汁虽然感觉不太好，但有河豚，所以也不觉得有问题。”用北大路鲁山人的话来说：河豚的味道，与蒲烧鳗鱼、味噌腌鲳鱼和金枪鱼寿司的美味相比，几乎是完全没有味道的。

但即便是初次胆战心惊地吃河豚的人，吃过

之后却会马上说：“岂有不吃如此美味食物之理？”或许可以从一个哲学角度来理解这个问题：“就把河豚的味道说成无为之为、无味之味吧，如果那种味道本身不是协调得神秘叵测，而且其背后还具有无限扩展性的话，那就不像是真实的美味。”北大路鲁山人吃遍了全日本，还是将下关河豚称为最上品。

在更北边一些的地方，距离下关市大约160公里的岩国市，当地人却有另一道更加质朴的料理，也是山口县的美食代表：岩国寿司。

这种寿司有个别名叫“殿样寿司”，历史要更悠久得多，据传是岩国城城主吉川广家大爱的食物。这种寿司使用濑户内海的鱼类和岩国名产莲藕制成，制作方法也比江户前寿司豪迈得多：在容量为 4 ～ 5 升的大木箱里将米饭和藕片、鸡蛋丝、香菇、紫苏等食材层叠铺上，盖上盖子后，料理职人要站上去反复踩压，直至紧实。食用前用长刀切分，一次能供很多人享用，是一种大家一起分享的乡土料理，常出现在婚礼、葬礼和祭典之类的热闹场合。

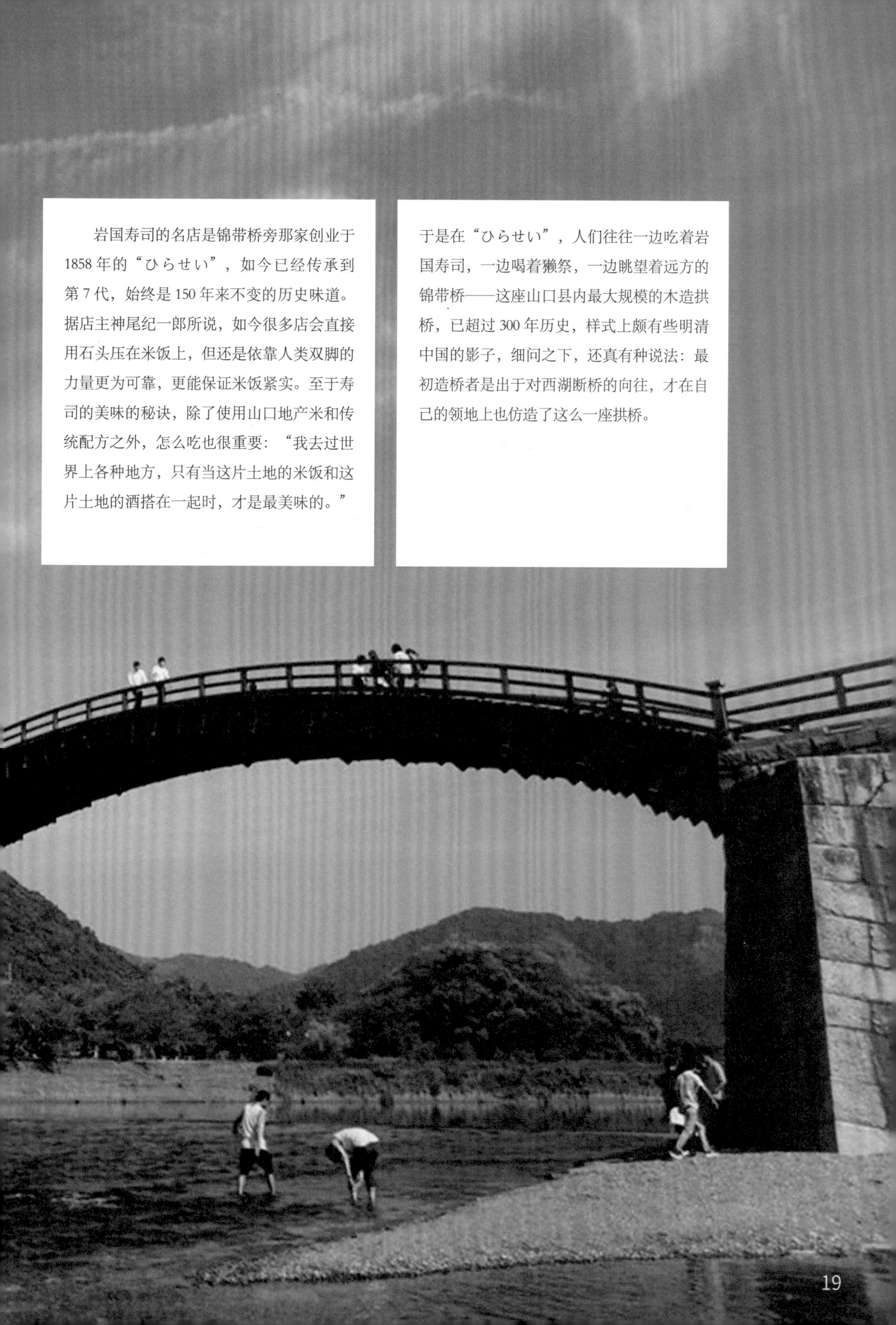

岩国寿司的名店是锦带桥旁那家创业于1858年的“ひらせい”，如今已经传承到第7代，始终是150年来不变的历史味道。据店主神尾纪一郎所说，如今很多店会直接用石头压在米饭上，但还是依靠人类双脚的力量更为可靠，更能保证米饭紧实。至于寿司的美味的秘诀，除了使用山口地产米和传统配方之外，怎么吃也很重要：“我去过世界上各种地方，只有当这片土地的米饭和这片土地的酒搭在一起时，才是最美味的。”

于是在“ひらせい”，人们往往一边吃着岩国寿司，一边喝着獭祭，一边眺望着远方的锦带桥——这座山口县内最大规模的木造拱桥，已超过300年历史，样式上颇有些明清中国的影子，细问之下，还真有种说法：最初造桥者是出于对西湖断桥的向往，才在自己的领地上也仿造了这么一座拱桥。

观光新地标

角岛大桥、元乃隅稻成神社和秋吉台

说起今天山口县的名景，人气最高的倒不是锦带桥，而是长门市的元乃隅稻成神社。这个1955年才建成的新地标是本州岛最西北的稻荷神社，有一个口口相传的诞生渊源：某夜，一只白狐在当地一位名为冈村齐的渔人枕边轻轻对他说：“你们如今能在这里打渔，都是拜谁所赐呢？”接着将前因后果细细说来，并命令渔人道：“在这片土地上祭祀我吧！”

过去的60年里，元乃隅稻成神社一直不为观光客所知，直至2015年CNN将它评选为“日本最美丽的31个场所”之一，同时出现在这个榜单上都是严岛神社、白川乡、金阁寺和姬路城等享誉全球的世界文化遗产。元乃隅稻成神社的鸟居虽比不上京都的伏见稻荷神社那样有千座之多，却也有123座，从断崖上一直蔓延至海边，形成一道长长的红色隧道，加之山口县的海水透明度高，天晴的日子，总能看见“红色鸟居、蓝色大海、绿色树林”的三色混搭。每逢周末，游客蜂涌而至，小小的停车场已经不能满足需求，山道上永远塞着长长的车队。

元乃隅稻成神社最有趣的，其实是它的功德箱。通常神社的功德箱都是摆放在神佛

元乃隅稻成神社

之前，只有这里是挂在距离地面 5 米高的大鸟居之上，而且箱子比通常尺寸更小。无论什么时候来到这里，总能看见人们站在鸟居前争先恐后朝天上扔硬币的滑稽景象，虔诚的拜神者相信：只要扔进去了，愿望一定会实现！命中率之低，可想而知。千万不要以为这个“日本第一难的功德箱”有多大历史渊源，我曾经向一位神职人员打探，得到的答案是：难道不是因为好玩吗？

我没有去扔硬币，而是径直走上了最靠近大海的悬崖。悬崖陡峭，没有任何防护措施，路过的少年们倒吸一口冷气：“走错一步就死定了。”站在崖上，大海尽览眼底，阴天的海是暴躁的，泛起狂乱的漩涡，有人说那下面藏着海底的龙宫。路上偶遇的两位骑哈雷摩托的女人再次从我身边经过，站在一尊小小的佛像前虔诚地鞠了个躬，对同伴轻声说道：“这位是大海的神。”傍晚的天色只余微光，远处传来鸟叫声，海浪撞击在岩石上，一尊出现在断崖上的海神，非常奇妙地令我在那一瞬间感觉到了生命的本质。

山口人似乎特别喜欢白狐这种生物，从山口市的汤田温泉车站出来，门口就挺立着高大的白狐雕像。这间历史悠久的温泉开汤于600年前，传说也是因为受伤的白狐每夜前来泡汤治疗足伤，才偶然被某位路过的僧侣发现。今天在温泉街上，每家店铺前都立着形态各异的白狐雕像：酒店门口的抱着酒瓶，书店门口的捧着书本，招揽客人的举着“千客万来”的牌子，还有一只特别另类的，不知为何怀抱自行车车轮……

即便没有时间在汤田温泉住一晚，也可以在名为“狐の足あと”的足汤度过午后时光。只要200日元便能泡个脚，还可以一边喝咖啡一边欣赏风景——咖啡豆来自山口县各地，拿铁和冰激凌都做成了可爱的狐狸造型，也可以一边喝酒一边享受庭院阳光——这里提供各种山口县的酒，獭祭？当然有。

虽然不如元乃隅稻成神社那么声名大噪，但山口县还有两个绝佳风景之地：距离元乃隅稻成神社40公里之外的角岛大桥和位于山口县中央地区的秋吉台。前者曾荣获日本的“土木学会设计奖”，长长的大桥像是天梯一般，从大海伸向天空，若能赶上落日时分，大概会成为永生难忘的记忆；后者则是全日本最大的喀斯特地形，在海拔400米的高原上遍布着形成于3亿5000年前的珊瑚礁，地下埋藏着大型钟乳洞秋芳洞，像一个宇宙之谜。

在秋芳洞内，名叫吉村千纪吕的年轻女孩向我们讲解了这片土地的故事，兴奋地举着手电筒指给我们看栖息在水洼的小虾。她的很多同学都离开这个偏僻小城去了繁华都市，但她却更乐意留下，热衷于这些微小而神秘的生命：“这里自然美丽，时间流逝很慢，能够悠闲度日。我非常享受于这些没有被开发的景色，是世界最真实的部分。”

有好风景的地方
才有观光列车

若是从大阪前往山口县，铁道迷最好不要错过“500TYPE EVA”：由庵野秀明亲自监修，于2015年11月推出《新世纪福音战士》主题新干线。它将于2018年春天结束运行，眼下正是搭乘这辆日本最炫酷列车的最后机会，至于车上那台令人艳羡的初号机体感设施，若是不提前一个月预约，恐怕难以如愿。

另一辆最近在全日本引起注意的列车，则是刚刚推出的行驶在新下关—长门市站—东萩站之间的“○○のはなし”。这列只有两节车厢的观光列车，巧妙地将山口县最为关键的气质融入其中——和风与西洋结合。1号车设置榻榻米座席，头上转动着怀旧的老式风扇，灵感来源于“西洋憧憬的日本”；2号车则完全是欧式设计，古典时尚的木制桌椅，全席面朝大海，象征着“日本憧憬的西洋”。

C 571
形式 C57
架線注意
やまぐち
YAMAGUCHI

踏切の手前で
汽笛を鳴らしましょう。

“○○のはなし”列车一路沿日本海而行，沿途经过数处岩波绝壁，宁静的海面上漂泊着小小的渔船，天空中偶有群鸟乱飞，时而经过长长隧道，又遁入山间林中。这是日本山与海的原风景，若是能面朝风景喝一壶日本酒，以在沿途小站买来的烤竹轮卷为下酒菜，就是列车之旅的极致：一种在非日常语境下的日常生活感。

一些更为资深的铁道迷专程前往山口县，则是冲着另一辆列车去的：运行在新山口站和津和野站之间的“SL 山口号”。这辆观光列车曾在不少“日本全国最想搭乘的蒸汽机关车排行榜”上位居榜首，迷弟迷妹们赠予爱称——贵妇人。它也有历史可以说：制造于 1937 年，一度被废止过，1979 年才重出江湖，今年已是 80 岁高龄了。如今人们在谈到日本的时候总爱说“百年老铺”，其实日本人的惜物和传承精神，不仅体现在传统工艺上，也体现在现代生活细节中。例如这辆车，我们完全可以期待它成为百年列车的那一天，不是吗?

我很喜欢蒸汽机列车，因为它代表着一种基于速度的世界观。有了新干线和高铁以后，现代人生活在一个时速300公里的世界，人人都在追求快，以最高速从起点到达终点，没有心思留意沿途风景。但蒸汽机列车不一样：SL山口号单程行驶63公里，却要花两个小时。这是一种时速30公里的世界观，就像我们倡导的“慢生活”一样：要慢一点，再慢一点。当目的地首先变得不重要，才能意识到沿途风景的美丽。而这样的两个小时也是一个舞台，是人和人相遇的舞台，能一起感受沿途风景的人，就会拥有一段好时光。

坐在SL山口号上，当车顶上冒出滚滚浓烟、汽笛声鸣响的时刻，当孩童们穿着过大的列车服和它合照的时刻，当沿途的居民都在热情挥手的时刻，当沿途一个在二楼晾衣服的女人慌乱掏出手机拍摄视频的时刻，都是会让人会心一笑的。也是在这样的时刻，才确信了山口的好：有好风景的地方，才有观光列车。

旬（しゅん）

旬味，就是时令的味道。日本人坚信，在鱼虾贝类、蔬菜瓜果味道最鲜、产量最多的时候吃，既美味又营养。这样的饮食方式，能在就餐时体现当下的季节感，在视觉上更加丰富多彩。

让列车 成为人与人相遇的舞台

DISCOVER WEST JAPAN

从博多至山口、广岛地区可无限次数乘坐！

广岛&山口地区铁路周游券

可利用"Ekirin Kun"

自动检票机也能使用！

（商品名称:Hiroshima-Yamaguchi Area Pass）

可无限次数乘坐山阳新干线（含NOZOMI、MIZUHO博多～三原区间）及区域内的特快列车、普通列车（含快速）自由席及JR西日本宫岛渡轮、区域内的中国JR巴士。

※也可乘坐山阳新干线"NOZOMI" "MIZUHO"。
※无法乘坐JR九州的当地原有路线。（例：博多～下关等）

5天内

在日本国外购买时	在日本国内购买时
11,000日元（儿童5,500日元）	12,000日元（儿童6,000日元）

◉MCO兑换、日本国内售票处、网络预约兑换处
○MCO兑换、日本国内售票处
●日本国内售票处
※新大阪、大阪、关西机场也可进行MCO兑换、日本国内购票。
★自行车出租"Ekirin Kun"主要设置车站（详情请参阅P6）

可利用区域

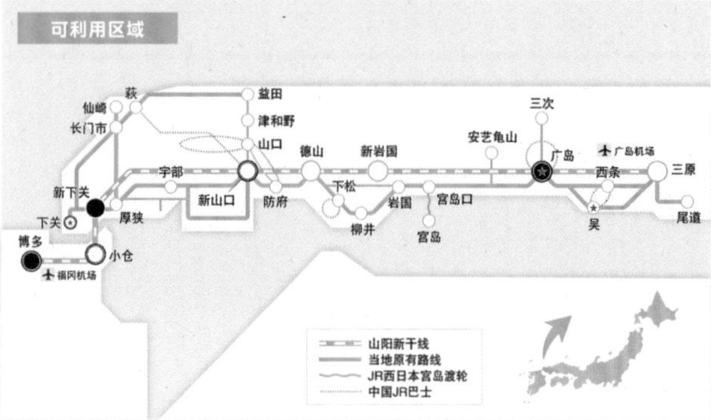

新登场（2017年4月10日发售）

从博多至山口、广岛、冈山、高松可无限次数乘坐！

冈山&广岛&山口地区铁路周游券

可利用"Ekirin Kun"

（商品名称:Okayama-Hiroshima-Yamaguchi Area Pass）

可无限次数乘坐山阳新干线（含NOZOMI、MIZUHO博多～冈山区间）及区域内的特快列车、普通列车（含快速）自由席及JR西日本宫岛渡轮、区域内的中国JR巴士。

5天内

在日本国外购买时	在日本国内购买时
13,500日元（儿童 6,750日元）	14,500日元（儿童7,250日元）

◉MCO兑换、日本国内售票处、网络预约兑换处
○MCO兑换、日本国内售票处
●日本国内售票处
★自行车出租"Ekirin Kun"主要设置车站（详情请参阅P6）

可利用区域

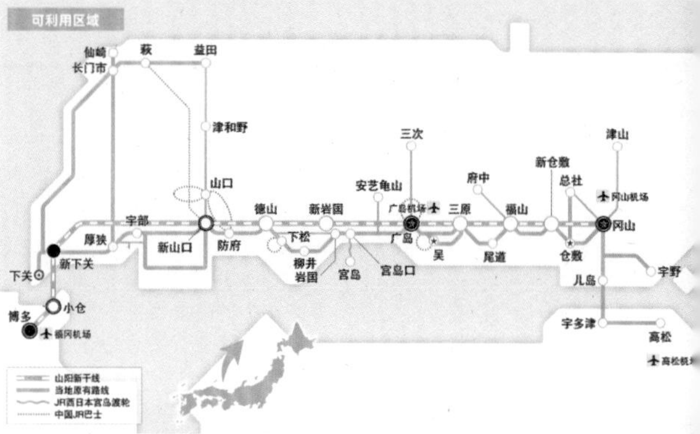

可广域巡游濑户内地区！巴士和渡轮也可利用！

大阪、博多"濑户内地区铁路周游券"

（商品名称:Setouchi Area Pass）

除关西机场～大阪・京都・奈良～山阳新干线（含NOZOMI、MIZUHO新大阪～博多区间）、冈山～高松・松山・伊予大洲的特快列车、普通列车（含快速、新快速）自由席外，还可无限次数乘坐JR西日本宫岛渡轮、尾道站～今治站间的高速巴士、巡游广岛中心地区的路线巴士、连结冈山～小豆岛～高松及广岛～吴～松山等地的渡轮。

※也可乘坐山阳新干线"NOZOMI" "MIZUHO"。※无法乘坐东海道新干线（新大阪⇔京都、东京）。※无法乘坐JR九州的当地原有路线。（例：博多～下关等）

5天内

在日本国外购买时	在日本国内购买时
17,000日元（儿童8,500日元）	18,000日元（儿童9,000日元）

○MCO兑换、日本国内售票处

可利用区域

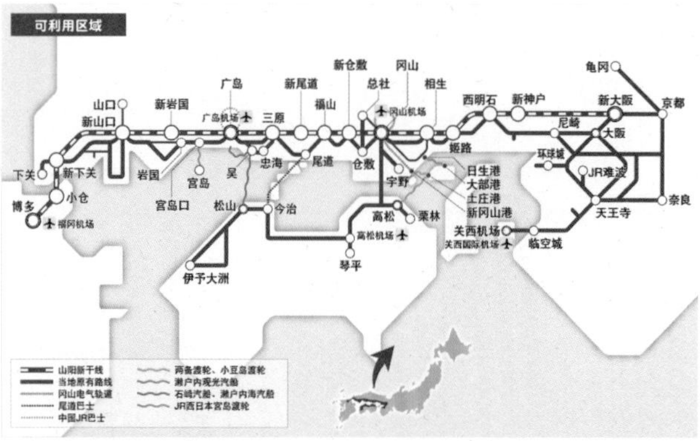

除关西地区外，山阳（冈山、广岛、山口）、山阴（鸟取、岛根）也可无限次数乘坐！

大阪、博多"山阳&山阴地区铁路周游券"

可利用"Ekirin Kun"

（商品名称:Sanyo-San'in Area Pass）

可无限次数乘坐山阳新干线（含NOZOMI、MIZUHO新大阪～博多区间）及区域内（含智头急行）的特快列车、普通列车（含快速、新快速）的普通车厢指定席・自由席及JR西日本宫岛渡轮、区域内的西日本JR巴士、中国JR巴士。

※也可乘坐山阳新干线"NOZOMI" "MIZUHO"。※无法乘坐东海道新干线（新大阪⇔京都）。※无法乘坐JR九州的当地原有路线。（例：博多～下关等）

7天内

在日本国外购买时	在日本国内购买时
19,000日元（儿童9,500日元）	20,000日元（儿童10,000日元）

◉MCO兑换、日本国内售票处、网络预约兑换处
○MCO兑换、日本国内售票处
●日本国内售票处
★自行车出租"Ekirin Kun"主要设置车站（详情请参阅P6）

可利用区域

※从米子机场前来的旅客，请移动至境港站或米子站后，进行MCO的兑换。

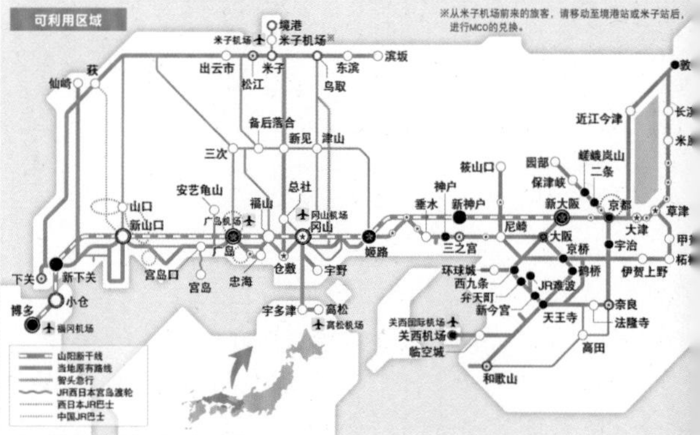

※各地区铁路周游券可乘坐区域内的西日本JR巴士、中国JR巴士（http://www.chugoku-jrbus.co.jp/index.html）。（高速巴士除外）详情请见网站。

JR-WEST RAILPASS的详细购买信息和利用方法，请登录官方网站查询

JR-WEST 西日本旅客铁道株式会社

https://www.westjr.co.jp/global/sc/ticket/pass/

更多超值优惠详情，请看这里！

https://www.westjr.co.jp/global/sc/ticket/pass/benefits

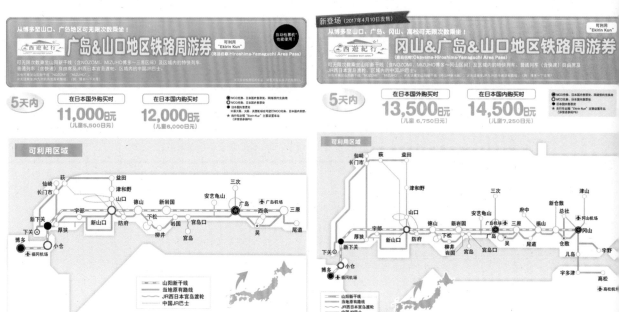

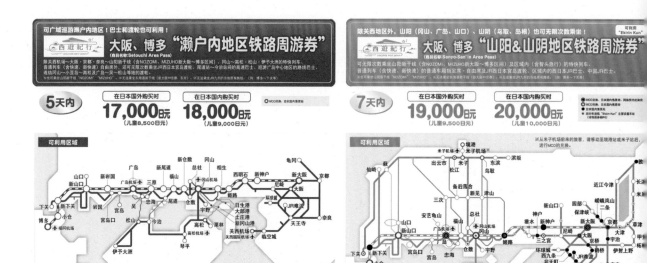

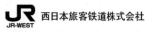

现在的我们，还无法穿越时空，
但可以坐上新干线，立刻感受到维新时代的风。

汽笛回响于山间，怀旧之旅开始了。
乘坐汽笛声声的怀旧列车沿温泉、溪谷、城下町、富有魅力的山口线来一场旅行。
"观景车厢风格" "大正风格"等每列客车的外观设计都不同，魅力无穷。
SL山口

2号车（复古车厢对号入座）

3号车（复古车厢对号入座及展示空间）

[运行区间] Shin-Yamaguchi ⇔ Tsuwano **全部为普客对号入座** 除乘坐票外还需要对号入座票。该票价格为：成人520日元、儿童260日元 [定员]245人

至 Hakata / 山阳新干线 / 至 Shin-Osaka	Shin-Yamaguchi	Yuda onsen	Yamaguchi	Niho	Shinome	Chomon kyo	Jifuku	Nabekura	Tokusa	Tsuwano
→	10:50发车	11:06发车	11:13发车	11:34发车	11:57发车	12:03发车	12:31发车	12:36发车	12:43发车	12:59到达
←	17:30到达	17:14发车	17:09发车	不停	16:42发车	16:32发车	不停	16:13发车	16:07发车	15:45发车

Tsuwano — Masuda（山阴本线 ↑至 Higashi-Hagi　↓至 Hamada）

SL YAMAGUCHI

※运行日、运行时间信息截止到2017年8月，可能出现变更。

2017年8月开始运行！
山阴线（山口县）全新观光列车登场！
奔驰在魅力的海岸线上，探寻萩(Ha)、长门(Na)、下关(Shi)的"故事(Hanashi)"。
面朝本州最西端……响滩、日本海，沿途景色令人沉醉的山阴线。
这里将带您品味日本与西洋相融合的有志之士的历史与文化、美味的海鲜美酒等，
通过观赏、聆听、感受去了解属于这里的"故事"。
○○のはなし

1号车（日式）

2号车（西式）

[运行区间] Shin-Shimonoseki ⇔ Shimonoseki ⇔ Nagatoshi ⇔ Higashi-Hagi ※返程将停靠Senzaki站。

全部为普客对号入座 除乘坐票外还需要对号入座票。该票价格为：成人520日元、儿童260日元 [定员]60人

↑至 Hakata / 山阳新干线 / 至 Shin-Osaka↓	Shin-Shimonoseki	Shimonoseki	Kawatana onsen	Kogushi	Takibe	Kottoi	Hitomaru	Nagatoshi（山阴本线・美祢线）	Senzaki	Hagi	Higashi-Hagi
→	9:59发车	10:21发车	10:53发车	10:58发车	11:26发车	11:32发车	11:53发车	12:22发车		12:52到达	12:57到达
←	17:50到达	17:39发车	17:03发车	16:59发车	16:33发车	16:27发车	15:58发车	15:33发车	15:27发车	14:20发车	14:13发车

marumaru no hanashi

※运行日、运行时间信息截止到2017年8月，可能出现变更。

汤田温泉

萩城城下町

周南联合工厂

角岛大桥

青海岛

白壁街景

国宝琉璃光寺五重塔

元乃隅稻成神社

和食历史线

现代和食的基础在此时形成。平安时代的贵族之间开始流行用小器皿盛放料理，每次用餐取少量但种类丰富的料理食用的饮食方式。比起调味和营养，更加注重摆盘的美感。这种『视觉性美食』也成为和食的特点之一。

绳文时代后半期，日本开始学习种植水稻，开启农耕文化，奠定了以大米、谷物为主食的饮食形态。

此时的农业并不发达，主要靠狩猎采集为生，当时的主食为容易存放的坚果类食品。

奈良时代

绳文时代

弥生时代

水稻业逐步发达，国家开始将大米作为税费进行征收。大米成为当时贵族阶级的主食，而庶民的主食为粗杂粮。此时佛教传入日本，天皇颁布了禁止杀生和食肉的命令，这段时期的料理成为精进料理的原型。

平安时代

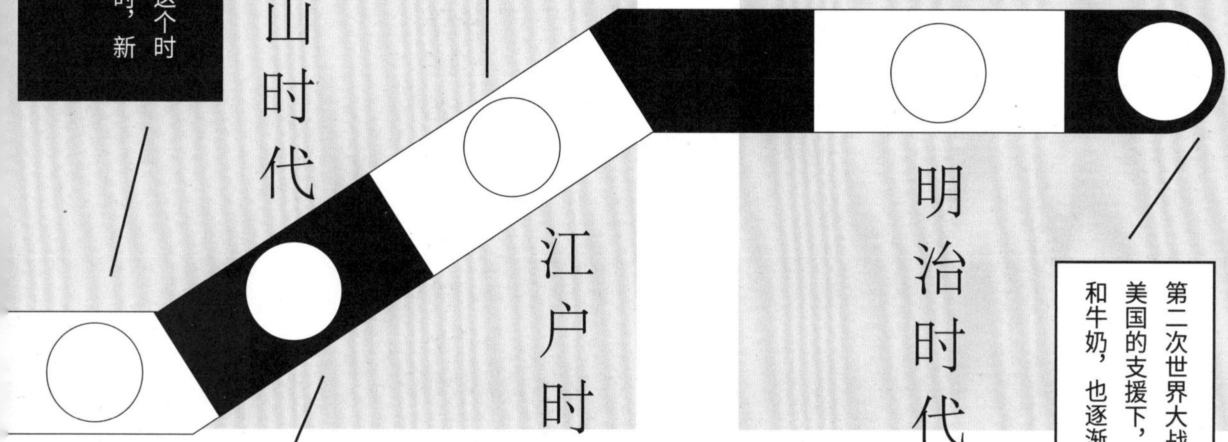

镰仓时代・室町时代

随着武士阶级的崛起，肉食在餐桌复活了。和平安时代的华丽不同，这个时期的人们更加注重食物的营养价值，外观不再成为最重要的特点。同时，新的佛教和禅宗登场，肉食也不再是饮食上的禁忌。

安土桃山时代

在这个时代，大批外来食物引入日本。在这个时期，大家终于吃上了西瓜、南瓜、洋葱、辣椒、土豆、番茄、菠菜、葡萄、香蕉等美味，也学习了更多元化的烹饪手法。同时，随着千利休等代表茶人的出现，怀石料理也在此时登场。

江户时代

在这之前，料理的调味品只有盐、味噌、醋等简单的几种，到了江户时代，糖、海带汁、干鲣鱼等极具和食特点的调味料开始使用。农业产量提高，一般庶民也能吃上大米了。

明治时代

随着时代的发展与政权的更替，上流阶级开始接触西餐。作为文明开化的象征，用日本传统方法制作的牛肉锅（すき焼き）开始流行。明治后期，开始流行『和洋折衷』的新型洋食，西餐搭配米饭，并用筷子进行食用，使得普及速度更快了。

大正・昭和时代

第二次世界大战后，日本无法向国民提供充足的食物，在美国的支援下，日本的饮食方式开始有了欧美色彩。面包和牛奶，也逐渐成为日本普通家庭餐桌上常见的食物。

好文化
好交流

美 食 / 日 料 / 外 部 视 野

毛丹青
X
刘雪雁

摄影／原修一郎

刘雪雁

东京大学大学院人文社会研究科博士课程修毕，曾任东京大学社会情报研究所和东京大学大学院情报学科助教，多媒体振兴中心客座研究员。现为关西大学社会学部媒体专业准教授。

研究及教学方向：国际传播，观光与媒体以及新闻写作。

刘雪雁的采访

毛：我在大学里除了担任《日本社会文化论》这门专业课之外，还有一门汉语课，因为都是高年级的日本学生，所以内容上有关文学和艺术的比较多。

不过，几年下来后，尤其是从毕业生的反馈上可以看出，给学生们留下最深印象的往往不是课上学到的课文本身，反倒是大家在日常生活中一些与中国文化比较之后所获得的体验与经历，而且这些又是与老师在同一个时间段所共有的，学生们告诉我这些是最宝贵的。

这回与编辑部讨论主题时，决定出一个日本料理的特辑，我第一时间就想到了这批日本学生，比如让大家说说自己最喜欢哪道日料，非常日常，非常生活，不用渲染，不用夸张，告诉我们你“在”的事实即可，其实这也是我的一贯主张。我跟刘老师一样，每年夏天都带日本学生回国研修，这对日本学生来说就是刚才所说的“体验”，真实的中国让学生“在”那里，从很多小事上观察体会，甚至能有所领悟，这个着眼点越来越重要了。

请刘老师先介绍一下日本学生去中国研修的情况。

刘：我在社会学部的媒体系任教，担任的一门主要专业课是《国际传播》，我的研究班主题是“全球化时代的亚洲文化与媒体”。所以，我的学生都是社会学部的学生，除了偶尔有中国留学生以外，学生们都不懂汉语。虽然他们中有一些人的第二外语是汉语，但是修完之后也就忘记了。选择上我的课，或者进我研究班的学生，大多数都对国外感兴趣。

不过他们对中国的认知，几乎都来自媒体。这十多年来日本的年轻人中看报纸的人越来越少，对他们来说，媒体信息基本上来自社交媒体、网上的新闻以及电视。换句话说，学生们接触的都是经过选择和加工，被建构起来的信息，然后根据这些信息做出判断，形成印象，这些印象往往是刻板印象。因此，我每年暑假都带研究班的学生到北京或上海研修。三夜四天的行程里包括参访国内的大学、出版社、电视台，也包括日本政府的驻华机构、日企在中国的办事处和工厂等等，当然也有观光的时间。

学生们都是第一次去中国，我也不要求他们提前学习相关知识。让他们带着陌生和好奇的心情自己去看，去体验，留下的印象会比较深。尽管研修的时间很短，看到的也只是中国很小的一个侧面，但学生们都能从各种细节感觉到真实的中国和他们印象中的中国并不一样。

毛：我基本上跟刘老师是一样的，平时跟日本学生常说的套话是“借镜”，意思是换一个角度看自己，从别人的真实里面判断自我的所在。比如，我带日本学生到上海的日资企业研修就是这么一个目的。让日本学生多听一些在中国常驻的日本人的声音，而不是每天听日媒上所描绘的负面中国。换句话说，与其“道听途说”，还不如“眼见为实”。

而且，这个“实”的缘由同样是来自日本，让日本学生倾听居住在中国的日本前辈们的实地所想，制造一个互动与验证的时间段以及一场头脑风暴。我喜欢这样的说法，叫“借力打力”，意思是把对方的强力转化为自己的力量，尽管力量还不够大，但建立这样的智慧必胜法恰恰是这个大时代对我们的要求。让日本学生了解中国，就像让中国学生了解日本一样，多样化的“借力”已经呈现在眼前，关键看我们是否能去兑现，这不是一个思想的问题，而是一个百分之百的行动的问题。

刘：是的。这一点很重要。在课上我总会介绍“日中共同舆论调查”的结果。这个调查从 2005 年到 2016 年每年都实施，持续了十年多，从中能看到日中两国民众对对方国家印象的倾向和变迁。其中有几个数据很有意思。2016 年的调查结果显示，回答问卷的日本人中，有 84.4% 的人没有去过中国，80% 的人并不认识中国人。同样，回答问卷的中国人中，有 85.1% 的人没有去过日本，91.4% 的人不认识日本人。尽管如此，大家都对对方国家抱有各种清晰的印象。这些印象是从哪里来的呢？从调查结果看，各自国家的媒体都对印象的形成起到了关键的作用，而日本人的信息源局限性更大。以前人们曾经想象，通过使用互联网这个工具，足不出户就可以获得各种各样的信息，和世界上各种各样的人交流，从而开阔视野，加深对他者的理解。但是网络社会发展到今天，我们发现现实并非如此理想化，一些刻板印象以及由此而来的偏见，通过网络的反复传递反而局限了人们的视野，阻碍了相互间的对话。所以，正如毛老师所说，在真实世界中的“互动与验证”环节必不可少。平时觉得理所当然的事情，从另一个角度看，就会有不同的感悟。比如学生们在中国研修时去 24 小时便利店买东西，他们发现店员完全不懂英语，但是仍然耐心地和完全不懂中文的他们沟通，最后顺利地买到想要的东西。由此学生们就想到日本的店员基本上都是按照程式化训练的，遇到完全不懂日语的中国游客，他们会不会想各种方法沟通？是不是有一种从上往下的潜意识来看待中国客人？正是因为角色转变，有了自身的体验，学生们才能意识到这些问题。

毛：四年前，央视《舌尖上的中国》这套片子我个人很喜欢。它有两个特点，一个是播解说词的速度比较慢，一个是关键部位的背景音乐都比较弱，这样在传达上，会给学汉语的日本学生减压。过去我们也放过一些片子给学汉语的外国学生看，他们反映播音太快，比如新闻播音远远比这个片子要快。《舌尖上的中国》先是散着，最后聚起来。一开始说一个谜一样的故事，最后四五个家庭归拢在一起才解开这个故事，比如厨房的秘密那一集，就说厨房的秘密就是没有秘密。这些都是适合学汉语的日本学生的。所以，这就促使我给学生看。我在网上放，然后用投影仪投在教室屏幕上，很简单。学生看了之后，反应超乎我的想象。第二集讲主食的反应是最强的，五谷杂粮里能做出这么多东西，他们是没有想到的。我给他们布置的作业有十个问题，这十个问题的深浅程度不同，这样来判断学生的思维的高度。比如说，我问他们“馍”字是怎么来的，去查这个东西。五谷里面讲到，稻米、麦子等，日本学生说这个“杂”字为什么用在这里，他们对这个字的印象不好，还说是不是因为便宜才这么说。从这个文本里，会衍生出很多对中国文化、汉语、汉字的理解，它的伸展性很强。日本学生也认为这套片子很有“质感”，能够触摸到的感觉。主食那一集里，有好几个镜头是驴被遮着眼睛拉磨。对于90后的日本学生来说，他们很好奇，之前也看不到这个东西。他们才知道中国文化这样深，而他们在日本看到的影像中国就是北京、广州、上海的大酒店及豪车什么的。第五集片子里有讲到顺德的“村宴”，日本学生都看傻了，怎么会有这样的东西？他们就去查这个“村宴”，顺带查出来“堂会”。这个片子对海外传播中国来说，它的纵深感很强。它只是一个引子，通过这个引子，有兴趣的人，可以顺藤摸瓜。从解释学的角度来说，它不像我们之前的纪录片。第五集讲了很多厨具、刀工，这个工艺色彩就很强。日本的学生反映很快，中国的刀都是方刀，用肩膀力，日本刀是细长的，讲究腕力。有一名日本学生提出，中国做饭讲究“蒸”和“煮”，都是一个漫长的时间，而日本的料理全部都要在短时间内结束，他们不在时间的延长线上夸菜怎么好吃。比如寿司就是这样，从来不会过夜的。我一想，确实是这么回事。这也就引起了我们全班的讨论。其实，这是《在日本》做日本料理的理由之一，听日本学生说说，挺有意思的。不知刘老师的日本学生是否也有类似的议论，当然未必全是美食什么的。

刘：我也看过《舌尖上的中国》的，比较喜欢第一季的片子。这套节目的确比较适合给学汉语的外国学生看。因为我的日本学生都是社会学院的，学习内容和中国没有必然的联系，所以我和他们在课堂上没有什么机会讨论类似的话题。不过，和学生们一起吃饭，或者去中国研修的时候，肯定会谈到美食。在日本，人们在决定中午或晚上吃什么的时候，总会说"今天是吃中餐（"中華料理"，简称"中華"）呢？还是吃日餐（"和食"）、西餐（"洋食"）？或者是拉面（"ラーメン"）？"这里说的中餐（"中華料理"），其实已经是日本饮食生活中的一个分类，并不意味着一种外国的饭菜，也就是说，不是一种跨文化的体验。这一点和我们在北京或上海说"今天去吃日料"的感觉是不一样的。日本的中餐（"中華料理"），从北海道到冲绳，除了高级餐厅，基本的菜谱都差不多。对于一般的日本人来说，对中餐的想象大多局限在这个框架里面。而北京烤鸭或是小笼包则不包括在日常的中餐（"中華料理"）框架中，是属于高级的中国美食范畴。正因为如此，日本学生有时候会问，"老师在中国的时候是不是都吃中餐（"中華料理"）呢？"我就和他们说，"中餐（"中華料理"）和中国菜（"中国料理"）不是一回事"，日本学生都会大吃一惊。通过电视节目来介绍、普及美食以及背后的文化是一条捷径，从这个意义上来说《舌尖上的中国》是国内同类节目中比较出色的。而日本在这方面做得更早，也更成熟。除了《深夜食堂》或者《美味大挑战》（美味しんぼ）这些以美食为主题的动漫以外，其他的电视连续剧或者动画片里也有不少描写做饭和美食的镜头，这些都为向海外推广日本料理起到了潜移默化的作用，以至于日本美食现在成为日本政府推动的"酷日本（COOL JAPAN）"政策中的一个重要领域。

毛老师与关西大学汉语专业的学生。

毛：有的日本学生说中国的文化底蕴比较厚，对时间的掌握要超过日本；有的日本学生反对，日本才是得自于自然，瞬间性的东西可以让你在食欲上共享这个时间。这里，就看出中国与日本文化的差别。日本有很多美食类的片子。他们拍过一个中学的女孩，她立志去海里抓鲍鱼，当“海女”，抓完做成美食。看上去很感动，但是她个性很强，她没有大众化的东西。

刘：美食是一个人人都有发言权的话题。除了我们都要吃饭，美食很多时候是和家、家乡密不可分的。在中国，虽然汤圆、粽子等的甜咸之争经常会成为热门话题，但人们基本上都知道各地饮食习惯以及食品种类具有多样性，不过对于其他国家的美食，人们的认知大多停留在被媒体反复提及的极少数“代表选手”上。日本在饮食上远没有中国这么多元，但其丰富程度还是超过我们，也超过日本人自己的想象。日本曾经有一档很长寿的电视节目，叫“突袭！邻居的晚饭”（突撃！隣の晩ごはん），从 1980 年代中期开始持续了二十多年。内容很简单，就是艺人带着一个摄影队去全国各地，在做晚饭的时间带举个饭勺到普通居民家里拍晚饭。由于不是事先安排的家庭，所以拍到的都是日常的晚饭。通过这个节目，人们可以知道日本各地普通家庭的晚饭其实差异挺大的。在十几年前，我曾参与一个媒介素养的项目，当时就用这个节目的思路，和同事们一起做了几次跨文化的活动。具体是让日本、韩国的儿童通过视频各自介绍自己家的晚饭，或者是当地有名的美食，结果日本的孩子们发现韩国家庭并不是每天吃烤肉，而韩国的孩子们也了解到日本家庭并不是每天吃寿司。这个实践的目的是让孩子们理解媒体的作用和局限性，同时了解对方的文化。可以说，想要对其他地区或国家的文化进行了解，加强交流，从美食出发是一个非常有效的方法。

外部视野

毛：的确是这样的，同时我们也可以由此谈开，比如说，所谓“外部视野”就是一个例子。有一年我应邀到长春市图书馆做讲演，题目是《中国人眼中的日本》，主办单位是长春市人民政府外事办公室与日本驻沈阳总领事馆。其实，这个主题活动还有一个摄影展，犹如一套文化配餐，因为摄影展的主题是一个日本人眼中的长春的四季。摄影师叫田原洋之，是个做图丽镜头的手艺人。我从大阪飞抵沈阳后直接坐高铁赶到长春，户外温度零下 29 度，走出站台后的一段路巨冷无比，冷得自己的脸好像不是自己的一样。晚上见到田原洋之时，看见他胸前挂了一部 R-D1 相机，一个为了满足喜欢机械相机爱好者的创意制作，包括卷片轴在内，如果不往下卷的话，快门居然按不下去，但相机本身却完完全全是数码的。我问他：“这个相机好在哪儿？”他回答：“让你忘不了触摸机械的最初感觉！”田原洋之常住长春，得空儿四处逛，拍摄最让他感动的是眼前的风景，这个过程其实就等于一个“外部视野”。所谓“外部视野”，无非是指局外人的眼光，这个情景跟我们常住日本却用中国人的眼光观察对方一样。有些对方觉得不起眼的事儿，放到局外人的眼睛里却截然不同。

刘：确实如此。不过“外部视野”其实具有很多不同的层次，有必要进行细分化。比如毛老师在日本住了三十年，我住了二十多年；留学生或者毛老师上面提到的摄影师田原洋之，可能在日本或者中国生活了几年；而来日本或去中国的游客，可能只停留十几天或者几天。虽然我们都拥有“外部视野”，但即使看到的是同一个景色，同一种事物，我们的体会和感悟是不一样的。《在日本》其实是一种在内部的“外部视野”。我想，是不是可以把“外部视野”分成“旁观性的外部视野”和“介入性的外部视野”这两种？因为当你生活在另一个文化中时，你已经不是局外人了，你的“外部视野”中已经加入了生活者的视线。旁观性的外部视野，有的时候会让人轻而易举地对对方的文化下一些结论，比如好坏、喜欢不喜欢之类的。而介入性的外部视野因为观察得更深入，涉及的判断条件更多，所以会对对方文化得出更中肯的见解，同时也是把自身文化相对化的一个契机。

毛：对的。这个提示很好。“外部视野”很像我的好友内田树教授的著作《日本边境论》里所说的，“我写这本书时，经常会想到假如翻译成外文的话，是否会好翻译些。想到这个，我的日语叙述也多少会受到影响。”毋庸置疑，当今的日本学者在论述日本文化时能保持如此自勉的意识，是难能可贵的事情。十九世纪有个德国人叫施里曼（H.Schliemann），他是成功发掘了希腊特洛伊木马之战遗址的人，是个富豪，曾经周游世界，到过清朝时的中国和当时的日本，写过一本游记。在他的眼里，中国是相当落后的，而日本十分发达。很多时候，他都把中国当作日本的一个比较来写。不仅如此，他还把欧洲生活中的一些常识也当作描写日本的一个比较。比如，他说：“到了日本我才发现，像欧洲那样在寝室里摆满了豪华家具摆设的做法，是完全没有必要的。人如果都能跪坐的话，既不需要桌子也不需要椅子，甚至连床也不需要。如果我们能够适应这个智慧，那生活就会变得相当美好！”而且，他还说：“欧洲的家长应该学习日本人的生活智慧，这样就能从为了子女的结婚而必须准备的财物负担当中解放出来。至少看看日本人的智慧，这种行为应该得到鼓励。”看上去，这位德国客简直是为日本人的生活智慧高唱了一首赞歌。进而，他还指出：“日本人全家都使用筷子吃饭，其速度也罢，夹菜的角度也罢，其动作的优雅绝非是欧洲的刀叉可以攀比的！”至于说筷子是否从中国传来，这对德国人施里曼来说并不重要。他的游记有偏见，文字中流露出一股贬低中国抬高日本的情绪，十分明显。不过，即便是这样的描写仍然可以看出，对一种陌生文化的理解基本上是缘起于一次“比较”以后才能成立的。对一个十九世纪见到日本的德国人来说，一个比较是他的欧洲，还有一个就是中国。他可以采用复数的比较方法，也可以找到许多参照的系数，或者从中提炼出结果，或者干脆就是平铺直叙，把所有能够比较的内容一起展示出来。不过，仅就比较而言，选择一种简单的比较也许更好，一种建立在自己直接感受之上的、用心体验的“比较”。目前，我们所处的时代是一个多元化的大时代，各种意见与观察充斥日常的生活当中，纯理论的内容已经被瓦解成非常具象的碎片，这就像我们的日本学生所写的日料一样，其中包含了不同的文化底蕴，甚至还有思维上的冲突，但反映出来的却是天天不可缺少的饮食。我很喜欢一句话，叫“理论是灰色的，生活才是常青树”。

刘：这个德国人施里曼的观察和结论，其实就是一个“旁观性的外部视野”的例子，虽然他可能在日本和中国旅行了几个月或者更长的时间。正如毛老师所说，人们对于陌生文化的理解基本上是基于比较而成立的，最常见的是在自身文化的框架下来进行比较。自身文化框架的建构是社会性的，同时也与个人的知识和经验积累有关。每个人的背景不同，所以观察事物的角度和感想应该也是多元的。十九世纪末，有个英国的女旅行家名叫伊莎贝拉•伯德（Isabella L.Bird），她也在中国和日本旅行，除了大城市和沿海地区，她还深入当时外国人很少涉足的腹地。比如在日本，她去了北海道，在中国，她去了长江流域以及川藏地区。在她的游记里，我们可以看到和德国人施里曼不同的着眼点和评价。比如，伊莎贝拉笔下的日本，是一个食物很匮乏的地方，除了没有肉蛋奶、咖啡、葡萄酒、啤酒以外，甚至连新鲜的鱼都很少见——这一点和我们印象中的日本（我们印象中的其实是现代日本）相差很大。由此可见，在这一百多年里，日本的饮食从种类到质量都有了相当大的变化。而在中国游记中，伊莎贝拉记录下了丰富多彩的食物。除了正式宴会上丰盛豪华的饭菜以外，仅仅在四川小镇的集市，就能看到豆腐、皮蛋、猪肉、咸鱼、馒头及丰富多彩的蔬菜（中国蔬菜的种类大概有英国的四倍）等等，而中国菜的种类之多也使她目瞪口呆。我觉得最有意思的是伊莎贝拉的书中专门有一节写的是嗑瓜子。据她观察，即便是最贫穷阶层的人，在休息日也会嗑瓜子。不管是餐前饭后，喝茶喝酒，只要人们聚在一起，就会嗑瓜子，进了旅店能看到堆积数厘米高的瓜子皮小山。伊莎贝拉写道，嗑瓜子暗示了休闲和社交性，是一种国民习惯。如同英国男性享受喝葡萄酒和蒸馏酒一样，中国人享受嗑瓜子。像嗑瓜子这样再普通不过的日常行为，如果不是来自“外部视野”的观察和描写，可能很难被记录下来。不同的观察者在自身文化的框架下对陌生文化进行观察、比较和解读，得出褒贬不一的结论。对于被观察者来说，这种“外部视野”虽然存在片面或者误读的可能性，但是透过别人的眼睛看自己，不同的角度往往会带来新的发现和启示。不过在信息爆炸的今天，毛老师所说的“建立在自己直接感受之上的、用心体验的比较”也许越来越不容易。比如在旅行的时候，更多的时候我们是在“确认”，而并非是在“发现”。互联网的发达也给人们造成一个“检索一下就能知道答案”的错觉，很多细节或者感觉就这样被忽视了。所以，这次日本学生们写日常的饮食，就是一个很好的尝试。第一个是把自己熟悉的，觉得理所当然的东西介绍给不同文化的人，这就需要用“外部视野”来换位思考。第二个就是由食物带出细节和感觉，这是文化中最能打动人的内容，也是文化得以延续的关键。

毛：今天很有收获，谢谢刘老师同大家的知识与智慧的共享，我相信广大的年轻读者也会从中有所感悟，往后不仅仅是从美食与日料的角度，甚至包括生活方式以及兴趣爱好，也都可以从“外部视野”审视，让我们的想象力更加丰富起来。

建立在自己直接感受之上的用心体验的比较

每年暑假，关西大学传媒专业的日本学生与刘老师都会前往中国研修。

音（おと）

给人安静印象的日本人，在吃面条这件事上却有着莫名的执着：一定要发出声音！无论是拉面还是荞麦面，大声发出吸面的声音，是表达面条美味的一种方式。不少日本人认为，这样大声吸面，可以更好地把面和汤汁一起吸进嘴里，使面条更香更有味。

日本食

人像手绘：荫山飒人 / 料理手绘：李卓娟

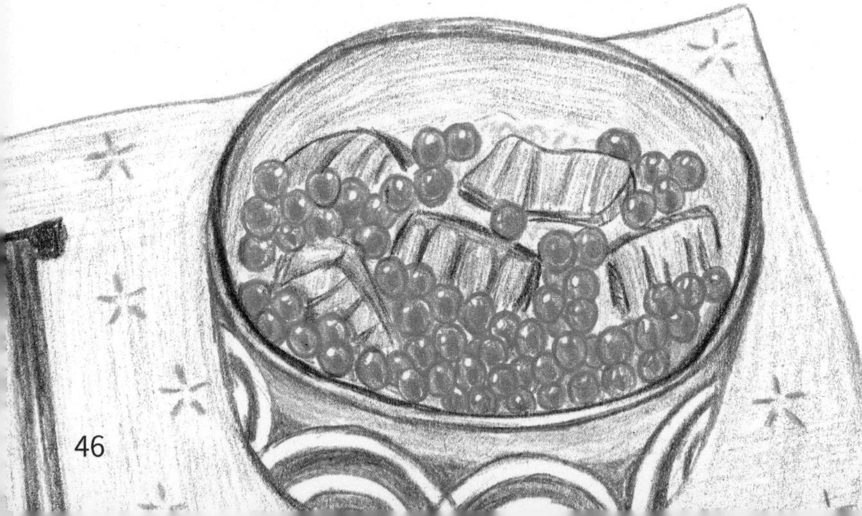

鍋焼きうどん
锅煮乌冬面

文 / 岩桥麻实子

料理对我来说，并不只是填进肚里、满足食欲的东西，它也是能让我的内心得到满足的宝物。在这当中，锅煮乌冬面是能让我在身心俱疲时，让我感到无尽温暖的料理。

乌冬面，是日本人常吃的一种面类。其中也分不少种类和制作方法。

而我，只要是乌冬，不管怎么做我都能得到满足。在这当中，我首先推荐的做法就是锅煮乌冬了。一个人的时候，我就用一个小砂锅，煮好了直接端着就吃。根据季节变化和个人喜好，可以搭配乌冬放入各种配菜，我们家的锅煮乌冬面里，一般会加入白菜、鱼糕、菌类和葱，然后把鸡蛋打进去就关火，煮个半熟。有时，也会奢侈地加入炸虾，对我来说，这真的算得上是极大的褒奖了。

记得高三准备考大学的时候，我每天下课后都要去上补习班，经常晚归。那时的晚餐，好像经常是锅煮乌冬面。如今有时候打了一整天的工，或是遇上什么不愉快时，回到家里，妈妈给我准备的晚餐也常常是锅煮乌冬面。揭开锅，里面总是堆满了我爱吃的菜。妈妈是能读心吗？真让我感到不可思议。

妈妈做的乌冬面暖暖的，治愈疲劳了一天的身体，也净化了我的心情，让我的身心都得到了满足。

親子丼

鸡肉鸡蛋盖饭

文 / 内田凉太

说到最喜欢的食物，我首先想到的就是有多汁的鸡肉和软软鸡蛋的盖饭。它是众多盖饭中的一种，鸡蛋盖饭和它比起来感觉少了点分量，猪排饭又比它稍显油腻。使用的鸡肉和鸡蛋做成的盖浇饭又能饱腹，又不至于不健康。和猪排饭这样直观的称呼不同，因为使用了鸡蛋和鸡肉这种有着亲属关系的食材，所以得到了“母子饭”这一趣称，同时，鱼肉和鱼子的盖饭也被叫作“海鲜母子饭”，而用同样方法，使用鸡蛋和其他肉类制作的盖饭，则被叫作“他人饭”，是不是有点冷幽默？

除了美味，“母子饭”绝对算是健康低卡料理，是盖饭里卡路里最低的了。同时鸡肉和鸡蛋的组合也能让人更好地吸收蛋白质，作为经典配菜的洋葱还具有改善肠胃的效果。这也是我爱吃它的最主要的原因。小时候我不喜欢吃肉，觉得特别油腻，但是“母子饭”却不会让我感到不适。

虽然我并没有爱吃“母子饭”到每天必吃的程度，说起来大概两周才吃一次吧，但是，这却的确是我一段时间不吃就会想念的食物了。另外，“母子饭”的价格非常便宜，所以就算在我穷得叮当响的时候，也还是可以来上一碗的。

人像手绘：萌山飒人 / 料理手绘：李卓娟

味噌汁

味噌汤

文 / 小井手友美

味噌汤可以说是日本人餐桌上和米饭同等重要的食物。自江户时代味噌汤成为庶民也能享用的食物后，就成了日本料理中的一道常规菜。

我几乎每天都要喝味噌汤，随着季节的更迭，每次放上不同的蔬菜，真是怎样都喝不腻。而且最近还出了一种速食味噌汤，小小一块里压缩了不少食材，只要倒入热水，不到一分钟就能喝上一碗还算不错的味噌汤。不过，当然新鲜的还是最好喝啦。

我还在小学的时候，就在学校的烹饪课上做过一次味噌汤。在大人的帮忙下，我加了裙带菜、豆腐和葱，做出了一碗简单却美味的味噌汤。自那时起，我就爱上了做饭，开始让妈妈教我简单的烹饪技巧。有时候代替工作晚归的妈妈给家里人做一顿晚饭，看到妈妈欣慰的神色，真的很有成就感。

お雑煮

炖杂烩

文 / 野村柚月

在清汤里加入酱油，然后放入牛肉、水菜和年糕，就做成了我最爱的食物炖杂烩。这是一道日本过年时吃的传统料理，用来祈求新的一年顺遂平安。清甜的汤底、甜丝丝的牛肉以及混着水菜的年糕。端上一碗炖杂烩钻进冬天的被炉里，新的一年就到来了。我特别喜欢吃炖杂烩，过年的时候每天都把它当早饭吃，甚至有一年，我连续吃了半年。

不过，虽然炖杂烩是日本的传统食物，但每个地方的人吃到的口味可是完全不同的。最重要的是汤底，东日本一般会选择用酱油清汤，而关西则是白味噌，还有些地方会加入红味噌或是小豆。作为主食的年糕，据说东日本是四方形，而关西这边是圆形的。

虽然我住在关西，但刚刚也说过，我们家炖杂烩的汤底是酱油的。这是因为我妈妈的奶奶是关东人，于是我们家就这样一直传了下来。而我爸爸是土生土长的关西人，有时候去他的老家过年，就会吃到用白味噌做汤底的炖杂烩，味道也是相当不错。

日本各地的炖杂烩，味道都不同，经过每个家庭不同的融合，味道又会发生改变，真的是充满了无限的可能啊。等到我结婚的时候，我们家的炖杂烩再和我丈夫家的进行融合和改良，也许又能诞生新的美味吧。

カニ

螃蟹

文 / 小路花织

我特别爱吃螃蟹。爱到什么程度呢？大家都知道在日本有个吃螃蟹的名店叫『蟹道乐』吧，我爱螃蟹爱到跑去那里打工了，因为我只要看到螃蟹都会兴奋。

我总觉得，要是螃蟹能更便宜点就好了。因为在日本买一只全蟹，品质好的大概要花到3到5万日元。我爱吃螃蟹，可能也是因为只有重要的时候才能吃一回吧。记得小时候，我们家每到过年才会去一次『蟹道乐』，我也只有在那个时候才能狠狠吃上一顿螃蟹，对我来说，正月就是螃蟹月了。

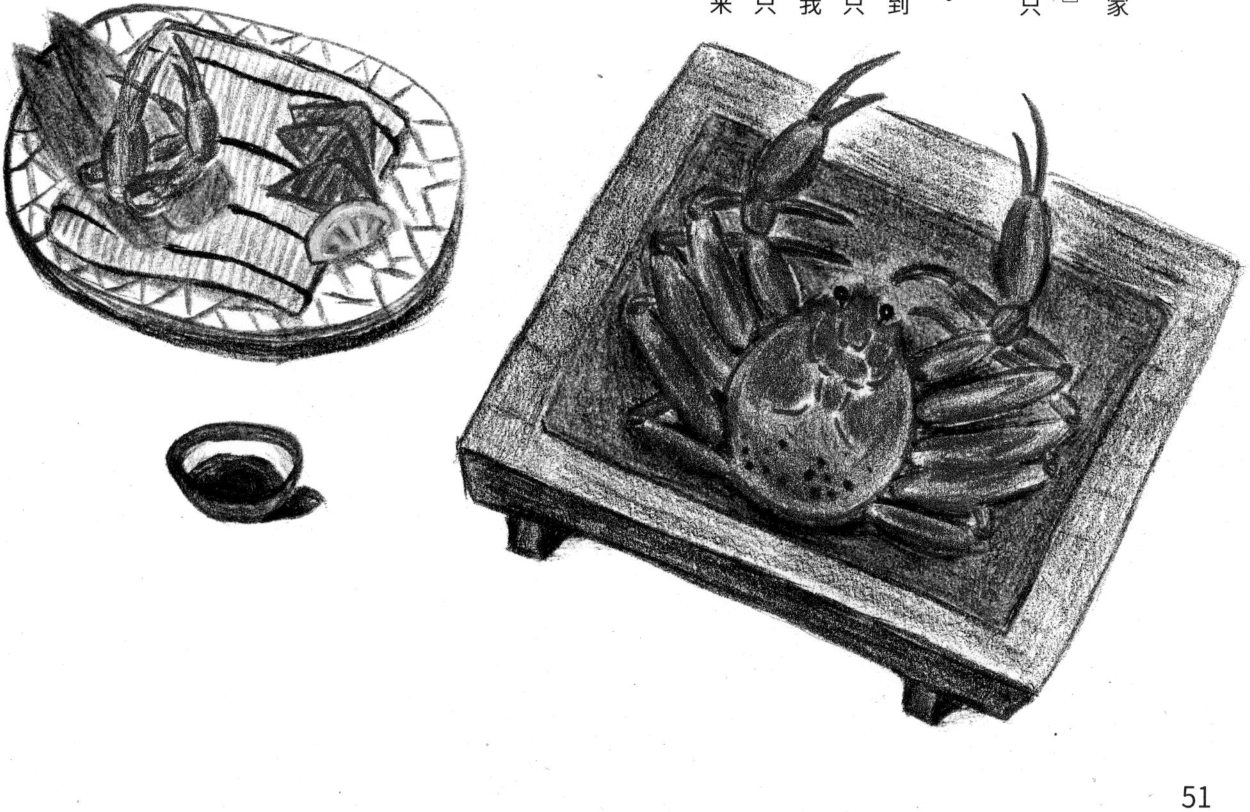

文 / 撰梅真帆

“今晚想吃什么？”我妈每天早上都要问我们一遍。想不出该吃什么的时候，我就会要求妈妈做土豆沙拉吃。

和蔬菜沙拉比起来，土豆沙拉的工序算是比较复杂了。毕竟蔬菜沙拉只要在蔬菜上淋上调味料就完成了，而土豆沙拉还要先把土豆蒸熟再捣碎，确实需要多花不少时间。尽管如此，我还是想吃，因为有妈妈的味道。我妈做的土豆沙拉，会在土豆泥里加入火腿、黄瓜、鸡蛋，再用蛋黄酱和胡椒盐调味，有时还会把火腿换成培根或者香肠，或者再加些洋葱和苹果。

这个菜谱好像和其他家庭没什么两样，不过我的朋友总会被我的吃法惊到。因为我总是在土豆沙拉上淋上大阪烧的酱汁。这个动作在我们家算是非常正常的了，我也没想到她们会这么惊讶。每次她们向我吐槽我说：“淋上酱汁还是土豆沙拉的味道吗？”“那你不如直接淋在土豆上吃算啦！”我都会让她们试一试我这种吃法，保证她们会觉得好吃的。

虽然土豆沙拉不能算是主食，但对我来说，就算每天把她当主食吃，我都完全没问题！

ポテトサラダ

土豆沙拉

砂肝

鸡胗

文 / 森本ひなの

去居酒屋时，大多数人第一句话会这样说：“来杯啤酒！”而我则会大声喊道：“给我两份烤鸡胗！”

每次有人问我喜欢吃什么，我都会说是鸡胗。大部分人听到这个答案，都会哈哈大笑道：“你是中年大叔吗？”的确，说到鸡胗，脑海里总会出现穿着西装，单手拿着生啤抱怨工作的大叔。不过，我还是真诚地向年轻人推荐鸡胗。

我也不记得是什么时候开始爱上鸡胗的了，但是我现在爱它爱到和另一位友人组成了“鸡胗同盟”。她是我唯一的同盟，我们大约每 4 个月都会小聚一下。地点当然是选在有鸡胗的店啦。我们每个人都想吃 4 串，所以一次会点 8 串，这样下单的客人可以说是非常罕见了，所以有一次我们还看到帅气的店员偷偷笑了一下，还真让人觉得有点害羞呢。

当长长的盘子摆着满满的烤鸡胗被端上桌后，我们便忍不住地欢呼雀跃。先拍一张纪念照，然后就大口嚼起来。那种口感，真的是独一无二啊！一口品完，我们俩还会互相交换一下对这家店里烤鸡胗的口感评价。

也许旁人看来有点滑稽，但我和朋友都是非常严肃的。朋友甚至把这叫作“课外活动”，还专门建立了一个相册来保存我们吃过的烤鸡胗的照片。除了烤串，我们也会寻找其他使用鸡胗制作的料理，我们吃过“辣炒鸡胗”和“鸡胗刺身”，味道和烤串都有很大的不同，寻找这些，对我来说也是一大乐趣。

虽然鸡胗到现在也算是小众食物，但在我的影响下，周围不少朋友也开始有所改观了。因为我经常在推特上推荐好吃的鸡胗店，大家也开始积极尝试了。现在，我的目标是制作一份原创的“鸡胗图鉴”，记录各个店铺的鸡胗的味道和口感。

这一周，我又要和鸡胗同盟的好友出去“研究”啦！不知道这次会遇上什么样的鸡胗？还真是期待啊！

文 / 吉村理纱

天妇罗，应该是日本人都知道的一道菜吧。和炸鸡、炸鱼相比，天妇罗的面糊更薄一些，大虾的红、鱼的白或是蔬菜的绿，都能透过面糊呈现出来，看上去不至于油腻，因而更有食欲。

这种从 18 世纪以后才成为日本平民料理的天妇罗，是我最爱的食物了。我最喜欢的是小虾天妇罗，总觉得用小虾做的天妇罗，比大虾做的吃起来更有弹性，而且因为个头小，一次可以吃好多，特别令人满足。不过，一般在店里点虾的天妇罗，端上来的都是大虾居多，所以，也就只有拜托妈妈帮我做小虾的天妇罗了。

记得小时候，妈妈问我过生日想吃什么，我都会说想吃小虾天妇罗，那堆成山一样的小虾，真是让我太满足了。我们全家人都喜欢吃天妇罗，特别是我外婆，她爱到每周都会做一次，选用的食材也特别独特，除了鱼和虾之外，土豆、竹轮、紫苏甚至生姜都被她做成过天妇罗。每当外婆端上这些天妇罗时，妈妈总是一边吃一边说已经吃腻了。

一开始我还以为妈妈真的已经不爱吃了呢。可是有一次，我和妈妈讨论“母亲的味道”时，她却告诉我，对她而言，母亲的味道就是每周丰盛又奇怪的天妇罗。这时我才知道，原来外婆常做天妇罗给妈妈吃，并不只是单纯的喜好，更是为了回忆过去生活。这样看来，天妇罗之于我们祖孙三代，更像是一座桥梁，真是奇妙的缘分啊。

天ぷら

天妇罗

はらこ飯

文 / 井手雅貴

鲑鱼炖饭

中学时，我跟着父母在宫城县住过一段时间，也是那个时候，我遇上了我最爱的日本料理。似乎有不少日本人都不知道“はらこ飯”是什么，其实这是宫城县亘理的一道乡土料理，用酱油和料酒煮的鲑鱼高汤煮饭，再在上面铺上鲑鱼和鲑鱼子。这样做出来的饭特别香甜，再加上鱼子入口的弹跳感，真的是太美味了。

我爱吃这个料理的原因有二：其一是因为“はらこ飯”所用到的食材全是我喜欢的，其二则是因为我妈很会做这个菜。说到这里，你一定会吐槽故事老套吧。其实，我妈是一个完全不会做饭的人，就算让她照着菜谱做，也能做得非常难吃。

但是，我妈第一次尝试做“はらこ飯”的冲击，我到现在还记忆清晰。那顿饭，给我 14 年来对妈妈做饭难吃这一牢固观念进行了强有力的反驳，真的非常好吃！

鲑鱼和鲑鱼子在每年 9 月到 12 月是最新鲜的时节，现在我一人在外，每到这个时候就特别想回家。有时，父母也会把处理好的食材冷冻邮寄给我，让我在这里自己做。入秋转冬的季节，便成了我最爱的时光。

大福

文 / 大西柚香

除了美味这个原因，当被问到你喜欢吃什么的时候，你还会考虑什么因素呢？也许，是因为这个食物对你来说有着什么特殊的回忆吧。如果考虑这个因素，那么我最爱的食物应该就是大福了。大福是一种和果子，最简单的就是用糯米包着红豆的红豆大福了。此外还有加入草莓或葡萄的水果大福，品种多样，男女老少都爱吃。而我则是在小学的时候爱上的。

那时候我每周要去上一次钢琴课，原本只是跟着姐姐进行的娱乐，后来曲子越来越难，有时候回到家还要继续练琴，就有点抵触了。而且去上课需要开车，父母工作忙没法送我，就只能拜托爷爷了。爷爷每次接我放学时，总会递给我一颗大福，对我说："辛苦啦。""今天也很努力哦！"虽然只是在附近超市买的大福，但我却能感受到平时沉默寡言的爷爷给予我的温柔。

有时候曲子怎么也练不好，我就一个人躲在角落里，一边哭一边吃大福。这颗大福，总能给我带来力量。这样一来，就算我不想上每周的钢琴课，也觉得还可以再努力一下，因为有我最爱的爷爷给我的最好吃的大福。

小学毕业后，我结束了钢琴课，自然也就没有被爷爷接送的时光了。这虽然让我有些寂寞，但我上初中后，一旦遇上了什么不顺心的事，就会买一颗大福，想一想爷爷，这样一来就会感到心安，获得一丝元气。

炊き込みご飯 什锦饭

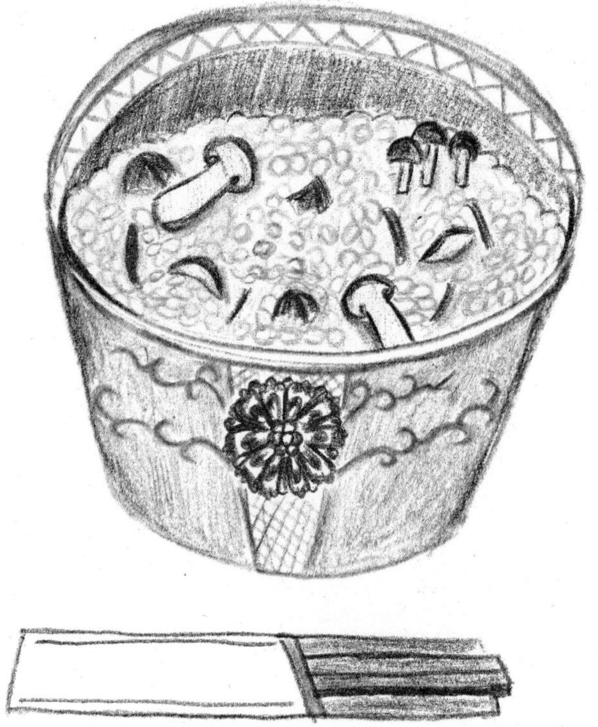

文 / 神代彩佑加

要说『妈妈的味道』的代表，作为日本人的我一定会说是什锦饭了。虽然这是只要将食材和饭混在一起，按下电饭锅开关就能做出的简单料理，但什锦饭的大米吸收了食材的香味，不管给我盛多少都吃得下，是我一定会推荐的料理！

无论是什么奢华的料理，对我来说都比不上什锦饭，因为什锦饭只有在我们家全员到齐时才会准备。平时爸妈工作都忙，我和姐姐又分别要上补习班，经常不能一起吃饭，所以到了周六周日，一碗什锦饭就成了一家人在一起的信号。

上大学后，我开始了一个人的生活，几乎每天都想吃妈妈做的什锦饭。有时在超市或便利店看到了什锦饭的饭团，我绝对会买来吃。

我也开始尝试自己做出家里的味道，有时候还会在妈妈使用的食材之上再加入一点自己的巧思。吃着什锦饭，一整天我都会觉得幸福，哪还需要什么零食，我只要有什锦饭就好了。

アサリ
蛤蜊

文 / 江本
真樱

“妈妈？今天也去‘那里’吗？”

兵库县的淡路岛，是我生长的小岛。每到春天，我就会和家人一起去海边。然而去海边并不是为了玩耍，我们穿着弄脏了也不心疼的衣服，换上大大的长靴，手里拿着桶和工具，像去做农活一样。没错，其实我们是为了去挖蛤蜊的，这是我从小学就开始做的一大工程，那时候每天都会看新闻确认海潮的情况。

赶海，是生活在岛上的我们最爱的探险了，只要挖一挖海岸边的沙子，就可以收获蛤蜊。就像寻宝一样，桶里装得越满，就越有成就感。不过，我总是无法战胜两个人，那就是我的妈妈和外婆。妈妈总是一边和我轻松地聊天一边找蛤蜊，但是每次总是比我多挖出好几倍，而外婆则是集中型选手，默默地挖着，自然最后挖出来的蛤蜊比妈妈的还要多。“她们到底是怎么办到的？大人真厉害啊！”我从来没有赢过她们。

收获的蛤蜊会平均分成两份，妈妈和外婆分别用来制作好吃的蛤蜊料理。无论是黄油蛤蜊还是蛤蜊炊饭，厨房里都会飘出浓郁的香味。不过一会儿，餐桌上就摆满了各色的蛤蜊料理，这是最幸福的时刻，怎么也吃不腻啊。

豚汁

猪肉酱汤

文 / 井上裕生

天气渐渐转凉，又到了想喝热汤的季节。所以这次我想介绍一下我最喜欢的日本料理之一——猪肉酱汤。

小时候，我特别讨厌吃蔬菜，沙拉什么的我是绝对不会碰的。为此，妈妈想尽了各种方法“逼”我吃菜。她尝试了许多菜品，最后终于发现可以在猪肉酱汤里加入蔬菜。最初端上来的时候，我非常不满，心里想着：“怎么又是蔬菜！”但硬着头皮喝了几口后，居然感受到了别的食材的味道，渐渐忘记了对蔬菜的厌恶，真心爱上了这道料理。

第一次帮妈妈一起做的料理，也是猪肉酱汤，我还记得我帮着一起切蔬菜的场景，真是充满了回忆。妈妈的猪肉酱汤，是她在对我说“辛苦了”“加油呀”，也是我在对她传达我对她的感激之情。

现在我开始一个人的生活，慢慢开始尝试复制妈妈的猪肉酱汤，尝试了许多次，都还没有成功还原出一样的味道来。不知道当我也为人母时，会不会就能完美再现那种味道了呢？

納豆

文／滨绫香

我爱吃纳豆，就算是用它来代替零食都可以。

纳豆是大豆发酵而成的，拥有独特的气味和黏性。打开纳豆的包装后，一圈一圈地搅拌纳豆是吃纳豆最关键的动作，搅得越久，纳豆就越软。然后撒上喜欢的酱汁或葱末，就可以吃了。一般超市卖的纳豆都是用塑料小盒包装的，而我在初中的时候吃过一次京都丹波的纳豆，那是用稻草包起来的。豆粒的大小和口感跟我之前吃过的纳豆完全不是一个档次，也使我真正爱上了纳豆。

不过，上面说的这种吃法并不是我平时的吃法，因为太爱纳豆，我喜欢把它和各种食物进行结合，在乌冬面、意大利面和蛋包饭里都加过纳豆。经过我的不断研究，我发现最好吃的组合是咖喱纳豆。谁能想到，这种吃法可以完美中和咖喱的辛辣呢？发现这个神奇的组合的契机，是有一次我们家做的咖喱太辣了，一般日本家庭为了解辣，会在咖喱里加入生鸡蛋或牛奶。但是这两样我都不爱吃，就打开冰箱寻找灵感，而就在这时，我发现了纳豆。

万万没想到，黏黏的纳豆加在咖喱里，居然让咖喱也变得黏稠，而咖喱的味道也成功掩盖了不少人讨厌的纳豆味。在发现了这个美味后，每次我们家做咖喱，都会加入纳豆。

虽然不少人讨厌纳豆那种黏黏的口感和特殊的气味，但纳豆本身的营养价值极高，只要料理时稍做调整，就能够散发出新的活力。对我来说，比起吃饼干呀蛋糕什么的，还是吃纳豆对身体更有益处呀。

鶏のから揚げ
炸鸡块

文／原修一郎

日本炸鸡块一般选鸡胸或鸡腿肉，腌制入味后用裹上小麦粉油炸而成。这是日本非常主流的一道菜，既能搭配啤酒，也能就米饭。与猪肉和牛肉不同，炸鸡就算凉了也还是好吃的，所以作为便当的配菜也毫不逊色，是我的最爱。

不过，炸鸡块这道菜出现在店里的时候，却会发生一个非常敏感的问题，那就是什么时候在鸡块上挤柠檬汁。一般在店里点一大盘炸鸡块时，旁边都会配上一两片柠檬。鸡块可以每个人都分着吃一点，但柠檬的数量可就没那么多了。本来热腾腾的新鲜炸鸡块可是下酒的超级伴侣，但不少人却在柠檬的问题上犯了难。

这是因为，日本人是非常不喜欢别人『侵犯』到自己的。大盘里的炸鸡块，在夹到自己碗里之前都属于共有物，但如果有个人在这时候出头，拿起柠檬片浇了一大圈汁，那无疑是一种『侵犯』的举动。甚至有人还会产生这样极端的想法：『在炸鸡块上挤柠檬汁吧！』这样的人，完全没有顾虑到别人的意见，是很让人不悦的行为。

说到这里，好像已经不关炸鸡块什么事了。不过，只要一提到『他人领域的界线』这一问题时，『炸鸡块的柠檬』就成了对日本人来说最典型的例子。所以说，也许你和朋友在居酒屋点了一盘炸鸡块，然后自以为很亲切地对大家说『我要挤柠檬汁了哦！』的时候，说不定在别人的眼里，你已经成为了一个『恶霸』哦。

お雑煮
炖杂烩

文／麻川はるか

说到过年，就一定会有炖杂烩，这是日本人过年时的必备料理。因为我家在关西，所以一般我吃的都是加入了圆圆的年糕的白味增式炖杂烩。

小时候每到过年，我对外婆说：『我要吃炖杂烩！』，外婆都会给我再多加一块年糕。因为外婆知道我最爱的就是年糕了，所以允许我可以一次吃两块。

其实我喜欢吃炖杂烩也是因为有年糕。我的吃法是一块最先吃，一块最后吃。最先吃的那一块可以品尝出刚刚烤出来的那种脆脆的口感，而最后吃的那一块刚好被汤汁完全浸泡，变得软软糯糯。在不同的时段品尝年糕，能够吃到两种完全不同的感觉，这便是我的小秘诀了。吃完一碗炖杂烩，有时候我会控制不住地想要第二碗，但这个时候我就会只要一块年糕了。毕竟过年的时候还有那么多好吃的等着我，可不能这么快就被年糕攻陷呀。

我最喜欢吃的炖杂烩，还是外婆做的。妈妈做的炖杂烩味道偏淡，大姨做的呢又过浓，虽然都是外婆的女儿，但却没有继承外婆的炖杂烩的味道。不过外婆在我初中的时候就已经过世了，我早就吃不到那记忆中的美味了，但每到过年大姨还是会代替外婆给我们制作炖杂烩，我还是一直喜欢每次吃两块年糕。

因为只能在过年的时候才会吃，所以即使到现在，我还是在为能吃到炖杂烩而激动不已，兴奋地等待着正月的到来。

チョコレート

巧克力

文 / 春元唯

好像从记事开始，我就已经爱上巧克力了，不管吃冰激凌还是蛋糕，我都肯定要选择巧克力口味的。爸爸在我每年过生日的时候，都会给我买巧克力蛋糕，十九岁生日这天，甚至买了一个包含四种巧克力口味的组合蛋糕。妈妈和妹妹都劝我说：『一下吃这么多胃可是会受不了的哦！』但是我吃的时候，还是只感觉到了满满的幸福。

上大三的时候，我被选为我们研究班的班长，其实这也和巧克力有些渊源。当时我在自我介绍的时候这样说道：『我最喜欢吃巧克力，只要有巧克力什么都愿意做！』没想到在大家的自我介绍结束后，老师突然说道：『那么班长就让春元当吧。』对于这样的安排，我原本有些不安，这时却又听见老师接着说：『我会给你巧克力的，加油哦。』听到这里，我便脱口而出：『好的，我会努力的！』也许我自己也没想到，我是这么喜欢巧克力吧。在这之后，老师果然遵守诺言，每次上课都会给我带巧克力。

不过，寻找好吃的巧克力还是要靠自己的双脚。不光是我所生活的关西圈的京都、神户，每次我去东京甚至国外时，都一定要查一查当地的巧克力店地址，品尝当地的特色巧克力。

巧克力是我幸福的源泉，只要吃一口，就能忘记自己遭遇的挫折。有时候，甚至站在店铺里看着那些排列整齐的巧克力，就会感觉心情无比舒畅，无论看多久都不会腻。

生

（なま）

说到生鱼片，你是不是已经见怪不怪了？除了生鱼，日本人还喜欢吃生鸡肉、生牛肉、生羊肉、生马肉！当然，生鸡蛋直接拌米饭，也没什么大惊小怪的啦！

WHISKEY

·OLD·

STRONG FLAVORED

DRINK

如果威士忌是我们的语言

TEXT&PHOTO / 马文先生

随便走进一家国内的日料店，
总能看见一瓶瓶包装精美的清酒，它们和寿司、生鱼片一样，
成为日本给予我们的“第一印象”。

而对日本人来说，
1853 年伴随四艘黑船而来的威士忌曾经也是一种舶来品，
但一百多年过后的今天，
威士忌已经成为日本餐桌上最常见的酒品，
日本也成为世界五大威士忌产区之一。
觥筹交错间，威士忌折射出的是日本近现代历史。

日本威士忌的诞生

黑船事件之后，威士忌作为一种“洋货”登陆日本，但最开始消费者主要还是在日开埠港口聚集的外国人。1899 年，20 岁的鸟井信治郎开设的“鸟井商店”进行洋酒生意，在葡萄牙葡萄酒的基础上，研发出符合日本人口味的葡萄酒——赤玉红酒，并大获成功。

知道鸟井商店名字的人不多，但对日本有所了解的人，对“三得利”这个名字一定不陌生。1967 年鸟井商店正式更名为三得利，其名称三得利便来自赤玉红酒的衍生：

赤玉→太阳→ SUN →サン→サントリー / SUNTORY

三得利旗下的白州蒸馏所

威士忌中的“烟臭味”其实是烟熏和泥煤味，传统苏格兰威士忌的制作过程中，大麦原料会通过泥煤 / 泥炭烘烤，这种味道也自然融入威士忌原酒中，成为苏格兰威士忌最显著的特点。而作为苏格兰的近邻，爱尔兰人在威士忌制造过程中几乎不会使用泥炭作为烘烤麦芽时的燃料。

要从一间小商店发展成一家知名公司，单靠鸟井信治郎一个人远远不够。

1911 年，《日美通航条约》签订，进口酒精的关税一涨再涨，国产酒精成为更多人的选择。7 年后，受摄津酒造社长之命，技师竹鹤政孝前往苏格兰格拉斯哥大学就读有机化学与应用化学系学习酿酒技术。其间竹鹤政孝前往高地地区酒厂进修学习，把接触到的威士忌制造工艺、蒸馏所运营方式等资料收集整理记录在册，这些册子日后被称为“竹鹤笔记”。

在苏格兰期间，竹鹤政孝也解决了自己的终身大事，他迎娶了自己的大学同学 Rita（日文名“竹鹤丽塔”）。携妻子回国后，面对家族的反对，他毅然决然与家族断绝关系，与妻子独居。而 Rita 随后定居日本，一生支持丈夫事业。2014 年 NHK 制作并播放了以竹鹤政孝及其妻子为原型的连续剧《阿政》，从中能对竹鹤政孝一生的故事有更多了解。

说回竹鹤政孝，在他学成之后回国，正准备大展拳脚酿造属于自己的威士忌之时，恰逢一战后日本经济大萧条，摄津酒造也停止了国产威士忌计划。郁郁不得志的竹鹤政孝离开了摄津酒造，跑到大阪桃山中学当起了化学老师。

如果历史的车轮再偏转一些，便就此少了个日本威士忌之父，多了个喜欢喝酒的中学教师。幸好，竹鹤政孝遇到了鸟井信治郎。

1923 年，鸟井信治郎认为威士忌是潜在商机，于是计划建设威士忌蒸馏所，但最关键的技师却迟迟定不下来。听说竹鹤政孝有苏格兰威士忌蒸馏所的学习经历，再加上两人曾有合作关系（鸟井商店曾委托摄津酒造制作葡萄酒），鸟井信治郎给出年薪 4000 日元的天价邀请竹鹤政孝入伙，而当时银行职员的月薪才 50 日元。

人选选定，下一步就是选址建厂。师承苏格兰的竹鹤政孝认为和苏格兰环境相像的北海道是最佳地点，而鸟井信治郎认为北海道运输不便。权衡之下，他们决定在京都西南方向的山崎建造酒厂。1924 年山崎蒸馏所正式成立，5 年后，日本第一瓶威士忌“白札”诞生了。

“白札”威士忌，因为瓶身上粘贴的白色酒标，所以被威士忌爱好者称为“白札”，按照现在的标准，这瓶白标威士忌和进口威士忌相比毫不逊色，但对当时喝惯了清酒烧酒的日本人来说，这瓶酒因为有股“烟臭味”而令人无法接受。

区分苏格兰与爱尔兰威士忌还有个有趣的方法：两者关于威士忌的英文拼法不同，苏格兰人称之为 whisky，爱尔兰人则是 whiskey，而源于苏格兰的日本威士忌自然也在酒标上写着 whisky。

TIPS

『白札』威士忌的失败让鸟井信治郎和竹鹤政孝备受打击，鸟井信治郎认为东西方人在味觉上存在差异，按照苏格兰方法酿造出的重口味威士忌水土不服。而竹鹤政孝依旧坚持苏格兰风格的威士忌，需要改善的是现有设备和工艺，两人由此产生了分歧。

在合同到期之后，竹鹤政孝离开山崎酒厂，追求自己的威士忌梦想，于 1934 年在北海道余市建立了蒸馏所，公司名为『大日本果汁株式会社』。然而因为威士忌熟成最少也要几年时间，所以在前几年只能依靠销售当地生产的苹果汁为生。1940 年，第一批余市威士忌终于装瓶销售，公司名命名为日果威士忌（Nikka Whisky）。

与此同时，鸟井信治郎在原有威士忌的基础上加以改造，追求与日本口味相合的威士忌。1937 年，三得利推出了口感更加温润顺口，泥煤烟熏味大大降低的『角瓶』威士忌，大受市场欢迎。至此，日本最有渊源的两家威士忌酒厂成立，日本威士忌逐渐被大众熟知。

三得利旗下的白州蒸馏所

如果把日本威士忌酒厂做成一张日本地图，就会发现绝大多数都选择在依山傍水的地方设立酒厂，比如山崎蒸馏所所在地山崎，宇治川、木津川、桂川三条河流汇合，常年雾气缭绕，非常湿润。这里也是茶人千利休设立茶室之地，禅味清幽，风景独好。

位于北海道的余市蒸馏所，每逢初夏海雾环绕，环境得天独厚，距离日本海海岸仅 900 米，飘来的海风又赋予了威士忌独特的味道。

威士忌吧里的日本威士忌

对经常喝威士忌的人来说，在日本威士忌身上总能找到苏格兰威士忌的影子，从原料到流程再到最后的成品，两者有很多相似之处。但日本威士忌的特色就在于脱离苏格兰威士忌之外，历代日本匠人逐渐雕琢成的威士忌特色：柔和、醇正。

日本威士忌相较于苏格兰威士忌，酒体干净，没有苏格兰威士忌较浓烈的麦香，而是更多的甜美果味。虽然日本威士忌也不乏强劲、复杂的种类，但更多的是强调和谐与平衡。

现代日本威士忌

世界大战期间，日本国内粮食紧缺，政府提升酒税，威士忌发展陷入低谷。除了内忧还有外患，西方国家封锁了对日本橡木桶的出口，为了维持酒厂运营，三得利公司派出专家辗转全国，寻找可替代的橡木桶原材料。

最后他们找到了水楢木（ミズナラ），这是一种生在北海道的树种，拥有 200 年以上树龄、树干笔直的水楢木方可制成木桶。水楢木桶对威士忌熟成有很大影响，因为水楢木含有树脂较少，灌到木桶中的威士忌很容易渗出来。而且水楢威士忌酒体粗糙，带着一股泥土味，缺少应有的特色香味。

直到某天，一桶放置多年的水楢原酒被人发现，打开之后的味道同檀香木一样。原来，水楢木陈年时间超过二十年或更长时间，威士忌才会展现出独特的椰子、菠萝等热带水果风味，这种以水楢橡木桶陈贮后的原酒风味，被诸多欧美品酪家赞誉极具“东方风味”。

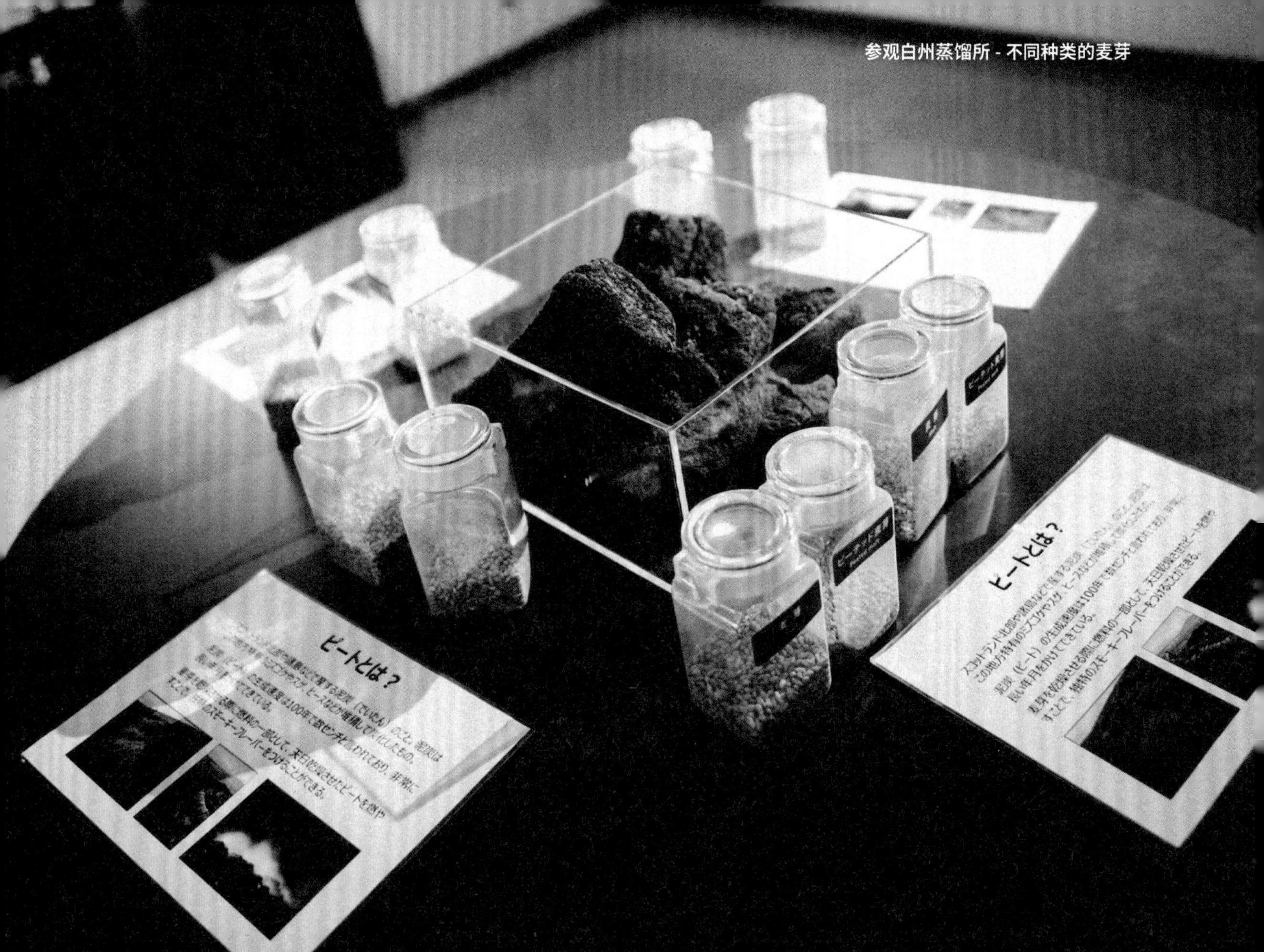

参观白州蒸馏所 - 不同种类的麦芽

第二次世界大战之后，日本迎来了经济发展的黄金时期，西方文化和消费观念涌入日本，对日本市场和威士忌产生了巨大影响。之前日本的酒类市场，基本以传统日本酒为主，如今传统清酒文化被威士忌文化风潮席卷，威士忌由酒吧到餐馆再到出现在每一个普通家庭的餐桌上。

但好景不长，1979 年竹鹤政孝去世，日本威士忌产业受到国内经济衰退的影响，开始长达二十多年的衰退期。为此，以三得利和日果为首的日本威士忌厂商想尽办法来改变现状。

日本上班族习惯在下班后来到居酒屋缓解一天的压力，但在泡沫经济冲击下，上班族能省则省，很少再去喝酒。如何才能让消费者边吃饭边喝威士忌？三得利开始将威士忌加苏打水的“highball”喝法推广到全日本，没想到成为缓解威士忌危机的灵丹妙药。

让日本威士忌被更多人熟知，是 2004 年的奥斯卡最佳原创剧本奖得主——《迷失东京》，讲的是一位好莱坞过气男演员 Bob，为了两百万美元的报酬跑到东京拍三得利威士忌“响”广告，在宾馆里遇上另一个在东京迷茫的美国姑娘的故事。

到如今，经过几十年的演变发展，日本威士忌已经不再是那个全面仿照老大哥苏格兰威士忌的小角色，而是独具特色，在威士忌爱好者和专业人士口中享有极高盛誉的代表。

在 2001 年 Whisky Magazine 举办的国际品酒大会上，日果的余市威士忌被评为“best of the best”。2003 年 International Spirits Challenge 评审上，三得利“响 30 年”一举拿下大奖。在那之后的 11 年，三得利每一年都将这个大奖收入囊中。

参观白州蒸馏所—蒸馏器

在 2015 版的《威士忌圣经》里，Jim Murray 将三得利“山崎 2013 雪莉桶”评为全球最佳威士忌，并且给予 97.5/100 的高分，这是日本威士忌首次在《威士忌圣经》里获得这个殊荣。这一年也是首次前五最佳威士忌里没有苏格兰威士忌，让整个苏格兰威士忌市场大为震惊。

如果回顾日本威士忌的发展史，促使其不断发展的，正是匠人对威士忌的雕琢和坚持，或者说，就是工匠精神。

以山崎为例，此前全世界威士忌蒸馏所使用的蒸馏器规格相同，山崎成为世界上第一个使用不同形状和大小蒸馏器的威士忌酒厂，也因此能够生产出调和不同类型威士忌的原酒。

余市生产的原酒公被认为“厚重而有劲”，这是因为他们还坚持使用炭火直接加热的蒸馏方法。蒸馏是提取麦芽原酒的最后工序，工匠会在操作过程中监控锅炉温度，每隔 10 分钟左右用铲子迅速添减煤炭。

这种蒸馏方法费工费时，但正是这种方法让余市威士忌拥有了单一麦芽威士忌纯正的韵味，2005 年苏格兰最后一家使用煤炭直火加热的蒸馏所 Glendronach 也选择采用间接加热法，余市蒸馏所成为全球唯一的蒸馏设备。

余市蒸馏所厂长讲道：“这是自创业之初一直传承下来的技术，正是用这个蒸馏器才生产出了余市特有的原酒。因此，今后也不会改变炭火直接加热的做法。”

日本威士忌酒厂

目前，全日本拥有十多家威士忌酒厂，数十个威士忌品牌，以三得利、日果、麒麟公司为其中代表。虽然日本威士忌数量不多，但品质优异。

日本主要威士忌蒸馏所分布图

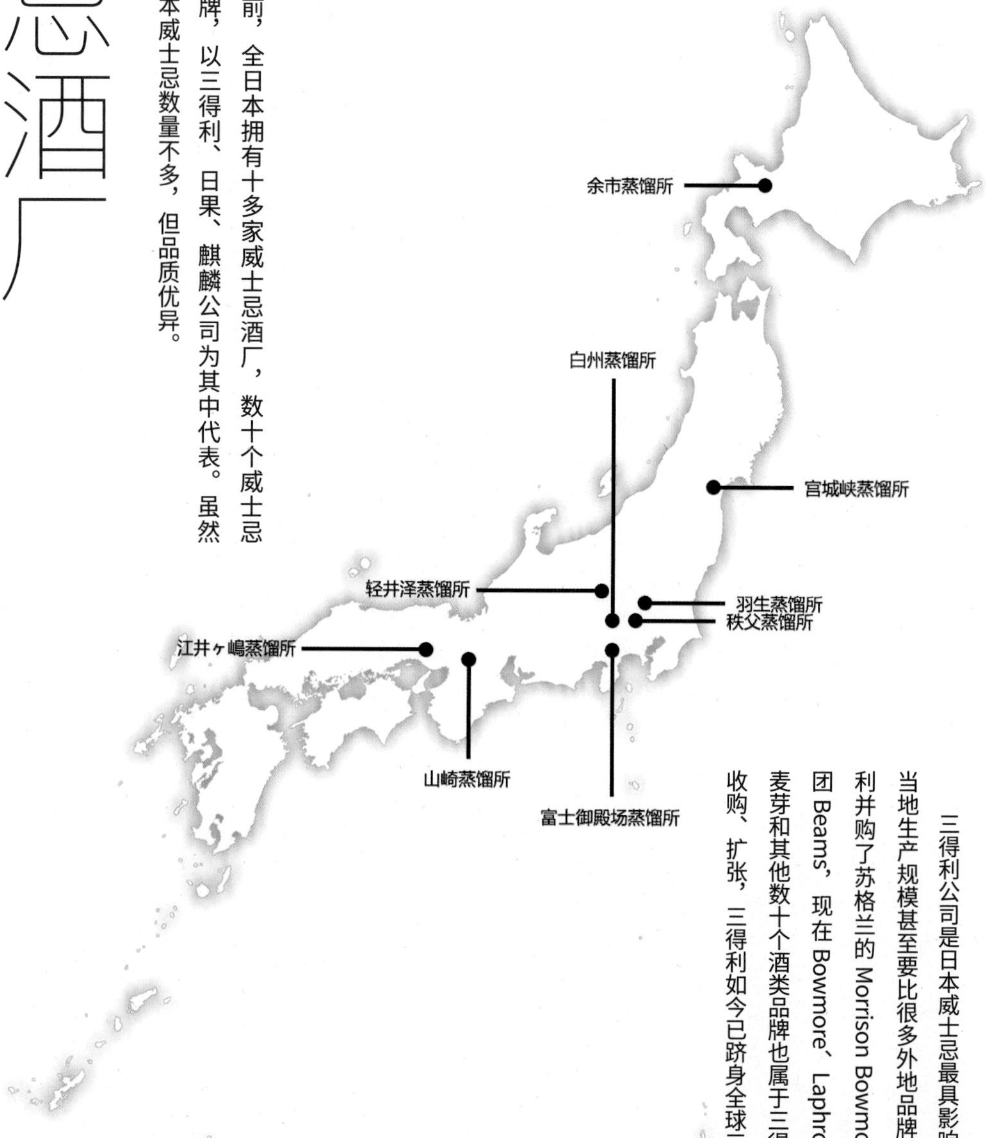

三得利公司是日本威士忌最具影响力的集团，三得利在当地生产规模甚至要比很多外地品牌还要高。2004 年三得利并购了苏格兰的 Morrison Bowmore Distillers、跨国集团 Beams，现在 Bowmore、Laphroaig 等多个知名单一麦芽和其他数十个酒类品牌也属于三得利，通过不断增长、收购、扩张，三得利如今已跻身全球三大烈酒生产商。

三得利公司：山崎蒸馏所、白州蒸馏所、知多蒸馏所

三得利旗下知多蒸馏所特制威士忌

三得利最知名的莫过于其旗下的山崎威士忌，山崎蒸馏所目前拥有 6 种 12 款蒸馏机，而苏格兰蒸馏所大多只有 1 款蒸馏机。1989 年山崎蒸馏所在进行工艺改革，增加了全世界少有厂家使用的直火加热蒸馏机，也因此成为全世界少数几个复合式蒸馏的威士忌厂商。

山崎蒸馏所出品的威士忌，初期以山崎、山崎 12 年、山崎 18 年、山崎 25 年等 4 款威士忌为主，而这几款威士忌直到现在依旧在世界范围的酒类比赛中获奖，是毫无疑问的山崎威士忌，甚至是日本威士忌的代表。

其中山崎 12 年醇厚浓郁，层次丰富，带着山崎蒸馏所特有的麦芽香气和酒桶沉淀下的木香。山崎 18 年则具备浓厚的熟成感，雪莉桶特有的甘美味以及强劲的熟成木香，混合成悠远绵长的回味。山崎 25 年是为了纪念三得利创立 100 周年而出品的高年份威士忌。它精选山崎蒸馏所中酒龄超过 25 年的雪莉酒桶熟成纯麦原酒，产量有限，无论是收藏价值还是鉴赏价值都很高。

山崎 12 渡边美树总裁特选桶

三得利旗下还有白州威士忌，其中白洲 12 年、白洲 18 年和白洲 25 年都是用单一麦芽发酵，通过层层工序，酿出带有嫩叶及果香的原酒。相比山崎，白州威士忌从优质水源和森林的环绕中诞生，更具有清爽清冽的口感。近来比较知名的『響』是为了纪念三得利成立 90 周年而推出的调和威士忌，严选酒龄 17 年以上的长期熟成麦芽原酒和酒龄 17 年以上的谷物类原酒，调和后再次陈年熟成。口感醇厚和谐，各种风味缠绕在一起又极为平衡，韵味悠长。

白州蒸馏所外景

日果公司：余市蒸馏所、宫城峡蒸馏所

余市蒸馏所至今保留着百年前苏格兰的传统酿制方式，这样的古法在全世界的蒸馏所中，可能只有余市还在坚持。余市蒸馏所的酿制工艺可分为六步：制麦、焙燥、糖化、发酵、蒸馏、储酒。

制麦是先将除去杂质的大麦浸泡在热水中催芽，之后在窖炉中燃烧泥炭，将麦芽烘干。冷却后再储存约一个月的时间，这个过程就赋予威士忌独特的烟熏、泥煤味道。

糖化则是将存放一个月后的麦芽捣碎后加上热水并煮熟成汁，过程中温度及时间控制相当重要，过高的温度或过长的时间都将会影响到麦芽汁的品质，十分考验工匠技术。

余市蒸馏所内的柜台

余市蒸馏所的橡木酒桶同样值得夸耀，创业初期竹鹤政孝从横滨的啤酒厂请来了樽职人小松崎，将苏格兰进口酒桶拆解后加以研究，有着啤酒桶制作经验的小松崎，很快掌握了威士忌橡木酒桶的制作方法。

山崎 12 和余市 20

在小松崎的指导下，16 名木桶职人中仅有两人学成。其中长谷川清道在 2001 年被苏格兰木桶职人协会选为『世界 15 名木桶职人』之一。余市蒸馏所的威士忌经年累月的不仅是醇厚酒香，更是日积月累不断成熟的匠人与技艺。

余市蒸馏所试饮

轻井泽 1999 和轻井泽艺伎系列

虽然轻井泽蒸馏所历史不短，但一直默默无闻，直到 2002 年威士忌界权威刊物 Whisky Magazine 发表长篇文章介绍轻井泽，沉寂了半个世纪的轻井泽得以走进大众视野。可惜的是，当时轻井泽蒸馏因为经济原因已停产，原轻井泽所属的美露香公司也在 2007 年被麒麟集团收购。但麒麟公司仅将轻井泽产出的酒拿去用作旗下另一款威士忌御殿场的基酒勾兑使用，到 2011 年，麒麟宣布关闭轻井泽蒸馏所，轻井泽在日本威士忌中的历史也止步于此。

轻井泽 Barshow

御殿场蒸馏所、轻井泽蒸馏所（已关停）

御殿场蒸馏所位于富士山脚下，高原海拔 600 米。地下水量充沛且经过漫长的岁月过滤，御殿场蒸馏的威士忌便取自这里的天然水质。

御殿场蒸馏所的酿制方法与众不同，其麦类与谷物分别蒸馏再共同熟成，用两个蒸馏器以串联方式连接，一次连续进行两个阶段的蒸馏过程。一般冷凝后的『新酒』除去首尾仅留下中间的『酒心』部分，而御殿场蒸馏所更是只选取酒心的中央部分留用，成为真正的『酒心之心』。

轻井泽蒸馏所位于白州酒厂北偏西方向，当地属于冷凉高湿的气候，丰富的雪水从山上融化，适合酿造威士忌。1976 年轻井泽蒸馏所推出第一个百分百日本产的麦芽威士忌——轻井泽。

轻井泽使用的蒸馏器和其他酒厂有很大不同，除了铜质材料外，外壳还套上一层类似陶瓷的外套。轻井泽虽然也使用美国波本威士忌橡木桶，但酒厂会将木桶内层削掉，重新组装使用。

宫城峡威士忌

羽生蒸馏所（已关停）、秩父蒸馏所

羽生蒸馏所也是日本威士忌蒸馏所中的老前辈，于1941年由东亚酒造在羽生市附近成立。羽生蒸馏所一开始主要是制作清酒及蒸馏谷物威士忌。他们会把这些自家蒸馏的威士忌与从苏格兰进口的麦芽威士忌调在一起，以调和威士忌的方式发售。

和轻井泽一样，羽生也是小规模生产起家，随着单一麦芽威士忌的兴起，羽生蒸馏所在1990年左右开始推出以蒸馏所命名的单一麦芽威士忌。但好景不长，因为20世纪90年代开始的日本经济危机，羽生蒸馏所被迫于2000年停产，整个东亚酒造也被售卖。新经营者对威士忌兴趣不大，决定在2004年关闭羽生蒸馏所，并丢掉400桶的威士忌原酒。

东亚酒造创始人的孙子——肥土伊知郎得知消息后，筹措资金把这批威士忌原酒买下来，并在2007年于秩父市设立了秩父蒸馏所。肥土伊知郎把羽生蒸馏所的400桶原酒保存继续陈酿，在适时选择装瓶发售。

作为日本最新建成的蒸馏所，秩父勇于冒险，勇于创新，会尝试用不同的方法去蒸馏及陈酿：比如用清酒桶去陈酿，或是以不同地方出产的大麦麦芽做原料等等。经过几年发展，如今秩父已经是世界上知名的小型独立蒸馏所，也吸引了一些独立装瓶商为其装瓶。

信州蒸馏所

信州蒸馏所地处中央阿尔卑斯山脉的山坡处，是目前日本海拔最高的威士忌蒸馏所。说起来信州蒸馏所和日本威士忌之父竹鹤政孝还有不小的渊源。竹鹤政孝在摄津酒造时代工作时的上司名为岩井喜一郎。而信州蒸馏所就是依据岩井喜一郎的指导，设计出现今使用的壶式蒸馏器、麦芽粉碎机和发酵槽。

信州蒸馏所的酵母由酒厂自己在试管中进行培养、发酵使用的，这种方法在苏格兰产区并不存在，这种从酵母开始制作的威士忌酒厂，被称为『岩井风格』。作为日本威士忌三巨头之一的岩井喜一郎虽然不及鸟井信治郎和竹鹤政孝出名，但如果没有他，也没有之后的余市，日本威士忌的历史也要被改写。

江井ヶ嶋蒸馏所

江井ヶ嶋蒸馏所是日本最古老的威士忌蒸馏所，在1919年取得了制造威士忌执照，至今仍依循古法酿酒。江井岛是一家综合性酒厂，清酒、烧酒、葡萄酒、梅酒均有涉及，甚至还推出过一款『威士忌梅酒』，主打品牌是名为『明石』的单一麦芽威士忌，在它的酒中感受到一丝日本烧酒的影子，这也是其与众不同的地方了。

酒吧
& 调酒师

因为工作的关系，我十几岁起经常去日本出差，又因为喜欢喝酒，一来二去，便成了不少酒吧的老客人。“我是在银座喝酒长大的”——这样的说法，并不为过。

在日本，很多酒吧的入口总是藏在一条小巷中，或是某栋不起眼的建筑里，这一点和国内挂满霓虹装饰的酒吧有很大区别。一些知名的甚至是在整个东京属于顶级的酒吧更是如此，如果没有熟人带路，很难找得到。

这也和酒吧自身的属性有很大关系——传统酒吧的大门比较厚重，店名小得不引人注意，而当你走进酒吧关上门之后，所有琐事、烦恼都被隔绝在外，忘记身份、地位、工作等。在酒吧里，只需品味美酒的味道即可。而作为服务用户的调酒师，其在酒吧中的意义，也绝不仅仅是照着配方调酒这么简单。

在日本，有一部日本漫画是所有调酒师必看的，叫作《调酒师》，除了漫画书，也被制作成动画、电视剧播出。在动画第一集里，调酒师说了这么一段话：“这个世界上，绝对不能背叛顾客的工作有两种：一种是医生药剂师，另一种便是调酒师。因为两者都是凭着一张配方，卖着既可以是药也可以成为毒的东西。”

在我看来，判断调酒师水平高低的因素除了调酒味道的好坏，更在于从客人推开酒吧大门起，调酒师给予客人的综合体验。几年前客人选择的调酒，几年后调酒师还记得并再次调制出，这样的惊喜和感动，更是酒吧及调酒师的魅力所在。

在日本喝酒多年，自然也有不少我喜爱的酒吧及调酒师，今天就来和各位分享其中几位。无论是常住日本还是打算去日本游玩，都可以去这些调酒师的店中畅饮。

MORI BAR——毛利隆雄

毛利先生是日本调酒界实至名归的传奇人物，在前面提到的《调酒师》里，毛利隆雄就曾作为原型出现过。

专注调酒中的毛利先生

我习惯在其他酒吧小酌三两杯，带着微醺的感觉走进毛利先生的店里，用一杯毛利先生的特调马提尼为整晚的欢愉画上句号。

马提尼是鸡尾酒的代表，也被称为『鸡尾酒之王』，每位调酒师都会调制马提尼，但毛利先生绝对是其中的标杆。除了口感优秀，无论你何时光临，哪怕是前后连点两杯相同的马提尼，味道也保持一致——对调酒有所了解的人，应该能清楚做到这一点有多么的不容易。

关于马提尼还有个有趣的故事：曾经日本某酒商的朗姆酒卖得非常差，毛利先生发明以朗姆酒为基酒的马提尼，一时在日本流行起来，顺带挽救了差点消失在日本的朗姆酒。

毛利先生还专门为了自己的马提尼定制了一批手工玻璃杯，十分精美，不少酒吧的调酒师宁可寻找仿制品，也要把这个杯子摆在自家店里。如今在国内的电商平台上搜索『毛利隆雄』，还能找到毛利先生『同款』玻璃杯，可见这杯马提尼的影响力有多大。

TENDER——上田和男

TENDER的调酒师上田和男先生是日本的『调酒教父』，很多爱酒之人和专业人士想必都看过他的书——《鸡尾酒手账》。

上田先生最知名的是他调制鸡尾酒的手法『HARD SHAKE』，这是一种长时间激烈摇荡摇酒器的方法，上田先生以此种技法闻名全球鸡尾酒界，被国内外许多嗜酒家津津乐道，也影响了很多的调酒师。美国纽约时报还特别以『鸡尾酒特辑』介绍上田和男及其出神入化『HARD SHAKE』的技法。

上田先生调制的 M30

为鸡尾酒手账署名的上田先生

调酒师的英文写作 bartender，而 tender 有『温柔』之意，上田先生将酒吧以此命名，而他也确实足够匹配这个称号。

有一次，我在雨中走进 TENDER 店里，上田先生看见我的脸色，笑嘻嘻地翻出一本书，指着一款酒跟我说：来杯这个吧。这杯酒特别应景，叫『M30-Rain』。

为什么叫这名？因为当年坂本龙一坐在这个酒吧作曲时，上田先生特别为他调制了一杯『原创调酒』，那时也是这样的雨夜，而且坂本也因此作了一首同名的曲子，就叫《rain》，就放在《末代皇帝》电影原声带的第 30 首。

上田先生调制的 Gimlot

上田先生的马提尼

我本来就知道这杯调酒背后的故事，所以上田先生为我调制这杯酒，我就特别感动。他可能以为我在这个雨夜和女伴吵架了，再加上我是中国人，所以给了我这杯酒。通过一杯酒构建起调酒师和顾客的交流，一切尽在不言中，却又感受得到，这也是我喜欢酒吧的一个理由。

STAR BAR GINZA

——岸久

StarBar 的内景

岸久先生是日本调酒师协会的会长，也是世界级的调酒师。他曾在第21届世界鸡尾酒大赛中夺得优胜奖。酒吧开业的当初，就成为等待芥川奖、直木奖等文学大奖开奖的圣地，很多知名人士经常光顾。

日本如今的很多优秀调酒师都跟随过岸久先生学习，酒吧内的调酒师也沿袭了岸久先生的调酒方法，动作细腻优美，不用说调酒味道如何，走进店里近距离观看调酒师调酒，本身就是一种享受。

岸久先生的店里，除了有手工切割的冰块之外，点一份火腿，搭配着美酒，感觉会更好。其实酒吧就是一个让客人尽可能放松的地方，比如我就会在自己常去的酒吧里寄存些雪茄，兴致兴起时抽上一支，惬意。

这就如同有些酒吧不设酒单一样，因为老顾客拥有自己的喜好，不再需要酒单。新客人面对众多字符也觉得迷茫，不如交由调酒师把握，相信他们能根据当时的氛围和感受，调制出最适合的一杯酒。

Bar Hive Five——上野秀嗣

在很多全球酒吧排行榜上，经常能看到『Bar High Five』这个名字。它曾入选『全球百大酒吧』，也被评为『全球最受调酒师欢迎的酒吧』，但最出名的，可能是『外国人最喜欢的日本酒吧』这个称号。

正在调酒的上野秀嗣先生

和其他日本酒吧相比，Bar High Five 显得更加『国际化』一些。除了墙上挂着的爵士乐海报，上野秀嗣先生也是为数不多的能够全英文交流的日本调酒师，经常和慕名前来的海外客人们聊成一片。Bar High Five 也因此成为海外知名度最高、外国顾客光顾最频繁且海外来日见习调酒师最多的日本酒吧。

上野先生自称是『没有牌照的心理学家』，坐在先生面前，不用多说什么，他就能知道你现在的喜怒哀乐，调制一份最适合的饮品。如果有机会到 Bar High Five 一坐，一定会发现不一样的体验。

Bar High Five 的马提尼

Bar High Five 吧台上的威士忌

无论是喜欢调酒还是威士忌，喝酒时最好先从清淡、爽口的酒喝起，渐渐过渡到口味丰富、浓烈的酒。如果是在酒吧，而非酒铺、小酒馆喝酒，建议先点一杯调酒，再根据喜好选择其他酒饮。

TIPS

不可在酒吧内随意拍照，从礼仪角度来说，至少也应知会一声。原因有二：首先，照片可能会拍到其他客人，泄露他人隐私；其次，一些调酒师也不愿自己调酒的照片外传。拍摄酒一般情况下是可以的。

八支具有代表性的日本威士忌

如今，威士忌已经和啤酒、清酒一样，融入每个日本人和日本家庭的生活中。无论是职员工作结束后在居酒屋畅饮，还是坐在酒吧吧台等待调酒师端上一杯威士忌，又或者是全家人坐在一起，打开一瓶威士忌，让香味游走在每个人的身边——我想，这就是日本人追求的安逸和满足，也是支撑一代代匠人潜心数十年，只为创造出更具韵味的威士忌的最大动力。

日本的威士忌酒商曾经推出一系列以家庭为主题的广告，拍摄得很温馨动人，各位有兴趣可以搜索查看。一杯酒，串联起上下几代人的历史，又让我们和身边人更紧密。最终，这些情愫凝结于一杯酒中，喝进胃里，温暖在心里。我想，这就是威士忌带给我们的意义。

威士忌的意义

ご馳走
（ごちそうさま）

用餐完毕后的一句礼貌回应，意为『多谢款待』。这样一句简单的问候语，也使日本的食文化带有了人文色彩。

和食礼仪小课堂

摆盘篇 X 筷子篇

你知道吗？在品尝日式定食之前，不少严谨的料理摆盘中，还暗藏着一些约定俗成的规矩。日本人右撇子的比例较多，因此默认大家吃饭时“以右手持筷、左手捧碗”。按照这样的前提，以“一汁三菜”的基本定食结构为例，摆盘规则如下：

❶ 米饭摆在左前方；

❷ 汤白饭在右前方；

❸ 中间位置摆放咸菜、酱菜；

❹ 若主菜为炖煮类，放置在左后方，刺身类则放置在右后方；

❺ 烧烤类主菜摆放在最远处。

❻ 有鱼类料理的情况下，如果是一整条鱼，鱼头朝左摆盘，有鱼皮的一面朝上。

和中餐一样，筷子在日式料理中的地位也极其重要。因此，遵守持筷相关礼仪，也是有教养的重要标志。以下几种筷子的使用方法被称为“嫌い箸”，是日料食用中的禁忌。

逆筷：筷子反着用。

刺筷：筷子像刀一样刺食物。

空筷：拿起筷子想要夹菜，最终却没有夹。

碎筷：两手各拿一根筷子，将料理碾碎。

泪筷：汤汁从筷子尖端滴落 。

两人筷：两人用筷子传递食物。

横筷：两根筷子合起来当勺子用。

渡筷：把筷子横放在碗或盘子上。

醤油もて 目ざしぬらすや 燠の上
松永重頼

湯豆腐や いのちのはての うすあかり
久保田万太郎

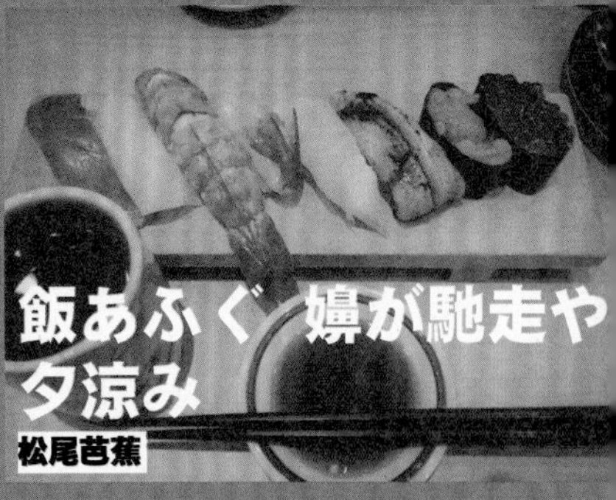
飯あふぐ 嬶が馳走や 夕涼み
松尾芭蕉

河豚好む 家や猫まで ふくと汁

高井几董

和食礼仪小课堂

食用篇 × 举止篇

❶“口内调味”，是日本独特的一种饮食方式。因为米饭是没有味道的，但为了保持食物的美观，所以一般不会直接将菜拌在饭内。为了能让没有味道的米饭变得有滋味，日本人习惯把饭放在菜与菜之间吃，在嘴里进行调味。

❷ 吃刺身时，不要将芥末和酱油混在一起作为酱料，这样会破坏刺身和芥末本来的风味。

❸吃烤鱼时，以鱼背骨为界，先吃上半部分，后吃下半部分。有鱼肉残留在鱼骨上时，将鱼肉由粗鱼骨的方向向细鱼骨的方向剔除，最后留下完整的鱼头、鱼骨和鱼尾。

❹ 挤柠檬时，注意不要将柠檬汁溅到其他人身上。

在古代，日本人用餐都是将餐盘直接放在榻榻米上食用的，所以也就形成了要将碗或小碟端起来用餐的规矩。除此之外，还有其他什么举止会让用餐看起来更加美观呢？

❶ 取筷方法：首先用右手放在筷子的中间，拿起筷子；然后左手用下方接住筷子，手指并拢；右手移向筷子右端。

❷ 使用一次性筷子时，不应左右分开，而是上下分开。

❸ 遇上带有盖子的汤类，请尽快饮用。

❹ 用餐完毕后，若使用的是一般的筷子，请用怀纸擦拭筷尖后放回原处；若为一次性筷子，请将其插回筷套。

❺ 用餐完毕后，不必将食器收拢在一起，因为有些食器比较脆弱，稍有不慎会将其碰坏。只需将带盖子的碗重新合上即可。

鎌倉を 生きて出でけむ 初鰹
松尾芭蕉

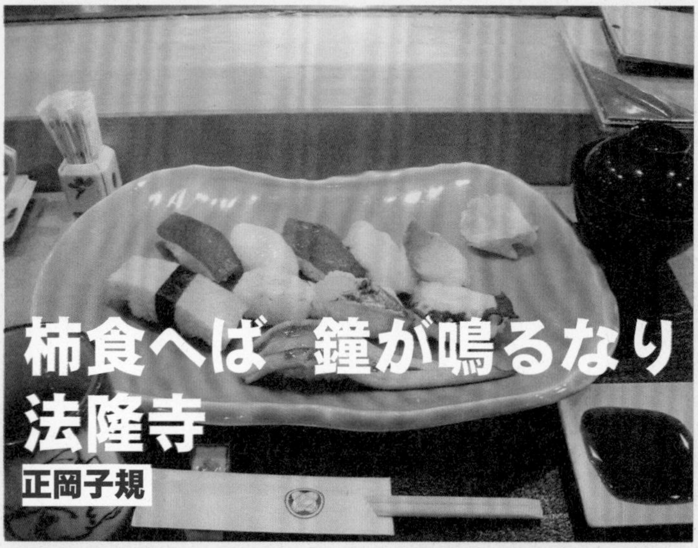
柿食へば 鐘が鳴るなり
法隆寺
正岡子規

三椀の　雑煮かゆるや
長者ぶり
与謝蕪村

薬喰　隣の亭主
箸持参
与謝蕪村

納豆汁　必くるゝ
隣あり
高井几董

边吃边学的日本话

谁都能理解食物与日常生活的紧密关系。日语里当然也藏着许多和食物有关，并且日本人觉得理所当然，而外国人饶有兴致的词汇和谚语。

魚類篇 1

花見過ぎたら牡蠣食うな

过了赏花期，就不要再吃牡蛎了。日本的赏花期一般指赏樱花的四月到五月，五月过后，牡蛎进入产卵期，食用这时的牡蛎很容易引起食物中毒。

海老で鯛を釣る

用小小的虾子，钓得像鲷鱼那样名贵的大鱼。形容一本万利的事情。

腐っても鯛

就算腐烂了，也还是珍贵的鲷鱼。形容有才能的人或事物，就算不在鼎盛时期也依然有用，瘦死的骆驼比马大。

鯛も一人はうまからず

一个人吃鲷鱼，是品尝不到美味的。形容很多人一起边聊边吃才会更加美味。

蔬菜水果篇 2

秋茄子は嫁に食わすな

不要把秋天的茄子给（儿）媳妇吃。一种解释是，因为秋天的茄子特别好吃，所以如果把它给（儿）媳妇吃了就太浪费了。还有一种解释是，虽然秋天的茄子美味，但是性凉，不适合给年轻女性吃，不如把美味留给其他人。不过不管是哪一种解释，都在告诉我们，秋天是吃茄子的好季节。

独活の大木

『独活』是一种草本植物，高约2米，却十分脆弱，尽管长得高大，却并没有什么用处。形容大而无用的形象。

雨後の筍

下雨过后迅速长出的竹笋。同汉语中的『雨后春笋』意思相同，比喻事物迅速大量地涌现出来。

濡れ手に粟

用沾湿的手去抓稻谷，不用多费力就能满手都是。用来形容不劳而获。

青菜に塩

把盐撒在青菜上，青菜上的水分就会渗出，而此时的青菜便是一副没精打采的样子了。该词汇形容精神不济的状态。

鴨がネギをしょってくる

鸭子背着葱来敲门。鸭肉配葱，是日本冬季的一种常规料理。当鸭子主动带着葱来拜访，表示天随人愿。

山椒は小粒でもピリリと辛い

花椒虽小却麻辣。比喻人小志气大、短小精悍。

烹饪篇

3

塩梅

盐味和梅干的酸味是日本料理中常用的调味方法，但真要调出美味又有一定的难度。现在在日语里的意思为状况、调整、安排。

手塩に掛ける

以前的日本人吃饭，会每个人准备一小盘盐，根据自己的口味调整咸淡。现为亲手培养的意思。

豆腐にかすがい

往柔软的豆腐里打锔子，表示毫无反应、白费力的意思。

煮ても焼いても食えない

本就不能食用的东西,不管是煮它还是烤它都不能吃。现形容软硬不吃的人。

花より団子

比起赏花这样的风情雅事，更喜欢吃赏花时准备的点心。不解风流，但求实惠的意思。

餅は餅屋

做年糕的事情交给年糕店。表示各行都有行家。

（だし）

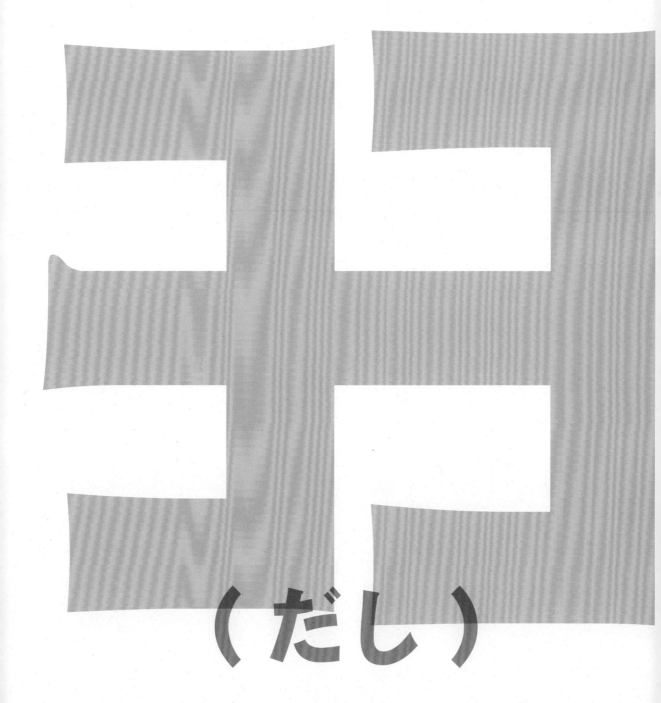

想要制作的料理拥有和食特有的鲜味，出汁，也就是高汤底必不可少。和其他国家以肉或骨为汤底相比，日本人在做饭时更喜欢选用干鲣鱼、昆布、香菇来制作汤底。因此，同其他国家相比，和食也更加清淡和健康。

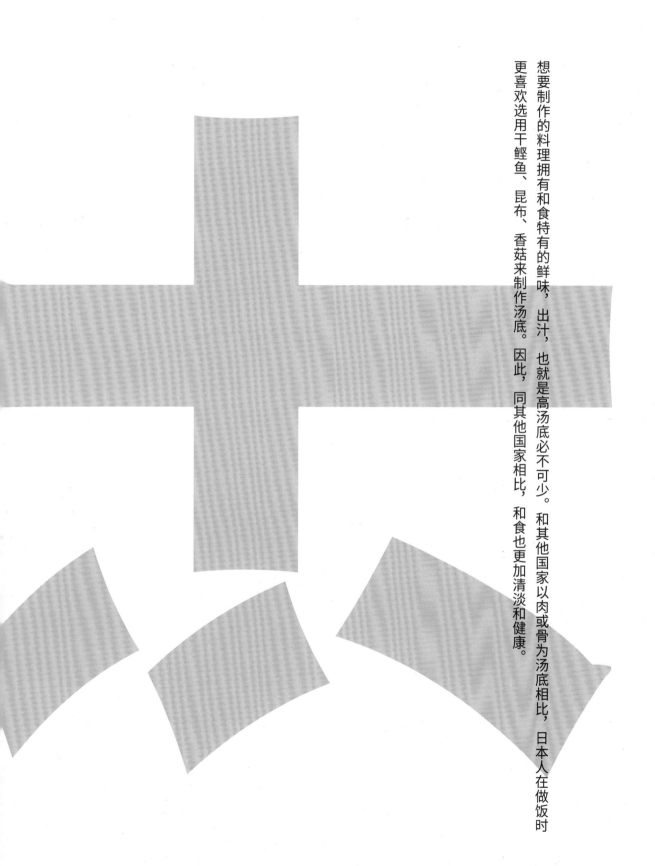

外食 VS 餐桌

摄影 / YONG

谁才是你
心中的日式生活料理?

寿司、拉面、天妇罗、海鲜饭……说到日本料理，不少人都可以滔滔不绝说个不停。有的人喜欢不会出错的人气连锁，有的人喜欢排队一尝“网红”滋味，有的人痴迷于一顿上万日元的品质和气氛，也有的人特意拜访普通家庭，只想学最简单也最正宗的一碗热汤。

而我们想为大家介绍的“生活料理”，也许很多人都直接把它和诞生在自家厨房的饭菜画上等号。不过本期特集给大家介绍的，是人在日本，进行短途旅行、深入交流或是定居之后，在生活中最容易接触到的餐食。无论是外食还是自己下厨的食物，想必都带着生活的气味。为了更加精准地定义这类料理，我们想出了“生活料理”这一名称。

本期特辑，将为大家介绍典型的日式家庭菜肴，附带丰富百变的食谱；也会剖析日本最常见的连锁餐厅数据，成为旅行择食的利器；更有餐后小酒科普，让你的日式生活料理更有滋味。

连锁外食详解

各色美食
滋味一览

旅游在外，觅食时总有语言不通或是口味不和的困扰。也许有人会觉得在连锁餐厅里找不到“人情味”，但不能否认的是，连锁餐厅里大多配置多语言菜单，“踩地雷”的风险也会大大降低。下面为大家介绍日本的各大连锁餐厅，下次寻找外食时，一定会少很多烦恼！

类型：回转寿司
店名：スシロー
解说：回转寿司界的龙头老大，号称成本率为 50%，大部分寿司均价仅为 100 日元（不含税）。除寿司外，也供应乌冬、薯条、天妇罗等熟食。
主打菜式：寿司
人均消费：1000~1500 日元
年营业额：1477.0 亿日元

类型：回转寿司
店名：すし銚子丸
解说：源自千叶县的回转寿司品牌，目前店铺主要分布于千叶、东京、琦玉、神奈川等地，以千叶县铫子港港口直送为卖点的新鲜寿司。
主打菜式：寿司
人均消费：1500~2000 日元
年营业额：195.4 亿日元

类型： 回转寿司
店名：かっぱ寿司
解说：大部分寿司均价仅为 100 日元（不含税），曾经推出了"寿司急速滑道"项目，点单的寿司可以像特快列车迅速送上，受到孩子们的欢迎，风靡一时，最近又开展了自助寿司活动。
主打菜式：寿司
人均消费： 1000~1500 日元
年营业额：794.2 亿日元

类型：回转寿司
店名：無添くら寿司
解说：回转寿司界的开拓者，寿司配有保证鲜度和卫生的防护罩，并承诺不使用添加剂。2000 年起，在餐桌上设置扭蛋机，每五个空盘可获得一次抽奖机会。
主打菜式：寿司
人均消费：1000~1500 日元
年营业额：1136.3 亿日元

类型：回转寿司
店名：元気寿司
解说：曾为东日本第一的回转寿司品牌，自 1990 年开始向海外发展，目前在中国、美国、新加坡、马来西亚、印度尼西亚等国家均有分店。
主打菜式：寿司
人均消费：1000~1500 日元
年营业额：349.4 亿日元

类型：专门系快餐
店名：築地銀だこ
解说：自建工厂生产原材料和调味料，保证连锁店口味均一。开发多种口味的章鱼烧。
主打菜式：章鱼烧
人均消费：500~600 日元
年营业额：315.3 亿日元

类型：专门系快餐

店名：CoCo 壱番屋

解说：日本最著名的咖喱连锁店，专注于开发口味和海外发展，可自选酱料、小菜、米饭、辣度，定制自己的咖喱饭。

主打菜式：咖喱

人均消费：900~1000 日元

年营业额：336.1 亿日元

类型：专门系快餐

店名：道とん堀

解说：日本最大的御好烧连锁店。虽然店名为大阪的著名地名，经营的食物也是大阪特色美食，但其实是从东京开始发展的店铺。

主打菜式：御好烧

人均消费：1000~1500 日元

年营业额：36.9 亿

类型：肉类快餐

店名：すき家

解说：日本店铺数最多的牛肉饭连锁店，最大的特点为菜品丰富。

主打菜式：牛肉饭、咖喱

人均消费：400~500 日元

年营业额：5440.3 亿日元

类型：肉类快餐
店名：吉野家
解说：以牛肉饭为主的连锁店，创业于1899年，到2003年都只卖牛肉饭，现在增加了许多和食快餐。
主打菜式：牛肉饭
人均消费：400~500日元
年营业额：1886.2亿日元

类型：肉类快餐
店名：松屋
解说：初代社长曾因经常吃吉野家而与吉野家店员相熟，甚至被邀请担任新店店员。拒绝后独自研究开发独家口味的牛肉饭。导入了自助点餐和茶水服务，减少了人工费。
主打菜式：牛肉饭
人均消费：400~500日元
年营业额：890.4亿日元

类型：肉类快餐
店名：かつや
解说：目标是成为“炸物界的吉野家”，截止到2017年12月，依然没有在鸟取县、岛根县、长崎县和冲绳县开店。
主打菜式：炸猪排
人均消费：500~600日元
年营业额：232.9亿日元

类型：肉类快餐
店名：松乃家・松のや
解说：主营牛肉饭的松屋旗下专营炸物的连锁店，同松屋经营模式类似。
主打菜式：炸猪排
人均消费：500~600日元
年营业额：890.4亿日元

类型：居酒屋
店名：磯丸水産
解说：店址一般选在车站口，24 小时营业，以此获得高客流量。
主打菜式：下酒菜
人均消费：2000~3000 日元
年营业额：359.6 亿日元

类型：居酒屋
店名：串カツ田中
解说：店址一般选在住宅区附近，内装朴素，以此减少成本。
主打菜式：炸串
人均消费：2000~3000 日元
年营业额：39.7 亿日元

类型：居酒屋
店名：白木屋
解说：价格实惠、环境光明整洁的家庭式居酒屋，受到女性的欢迎。
主打菜式：下酒菜
人均消费：2000~3000 日元
年营业额：1039.7 亿日元

类型：居酒屋
店名：鳥貴族
解说：店内食物和酒大部分都是 298 日元一份，同时还提供面食。
主打菜式：日式烧烤
人均消费：2000~3000 日元
年营业额：293.4 亿日元

类型：居酒屋
店名：はなの舞
解说：拥有渔业权，可保证鲜鱼直送。
主打菜式：海鲜类下酒菜
人均消费：3000~5000 日元
年营业额：587.9 亿日元

类型：居酒屋
店名：和民、坐・和民
解说：日本居酒屋著名品牌之一，坚持在日本 47 都道府县都至少开一家店。
主打菜式：下酒菜
人均消费：3000~5000 日元
年营业额：1003.1 亿日元

类型：居酒屋
店名：笑笑
解说：在综合性居酒屋的鼎盛期时，曾被作为居酒屋的代名词。
主打菜式：下酒菜
人均消费：2000~3000 日元
年营业额：1039.7 亿日元

类型：普通餐厅
店名：鎌倉パスタ
解说：坚持使用新鲜面粉现场制作的意大利面专门店，因母公司同时运营烘焙坊，所以该店也提供自助现烤面包，深受欢迎。
主打菜式：意大利面
人均消费：1000~1500 日元
年营业额：675.1 亿日元

类型：普通餐厅
店名：串家物語
解说：自助式的炸串屋，除炸串外，也提供冰激凌等辅餐，受到女高中生的欢迎。
主打菜式：炸串
人均消费：1500~2000 日元
年营业额：349.0 亿日元

类型：普通餐厅
店名：しゃぶしゃぶ温野菜
解说：和牛角同集团的无限量涮锅店，作为主要竞争力的牛肉供货充足。
主打菜式：涮锅
人均消费：3000~5000 日元
年营业额：2344.4 亿日元

类型：普通餐厅
店名：和食さと
解说：厨房实现“无刀化”，以机械操作实现高效率，从而发挥价格优势。
主打菜式：和食
人均消费：1000~1500 日元
年营业额：433.6 亿日元

类型：普通餐厅
店名：まるまつ
解说：以东北地区为据点的和食餐厅，主打地域亲民价。
主打菜式：和风料理
人均消费：900~1000 日元
年营业额：79.6 亿日元

类型：高级餐厅
店名：梅の花
解说：以豆皮和豆腐为主的和食店。在日本六个地方开设中央厨房，以提高食材的物流速度。
主打菜式：怀石料理
人均消费：5000 日元 ~
年营业额：294.0 亿日元

类型：高级餐厅
店名：木曽路
解说：室内装潢多为和风，营造良好的用餐环境。点锅类料理后，会有专人负责照看火的大小。
主打菜式：涮锅
人均消费：5000 日元 ~
年营业额：443.5 亿日元

类型：高级餐厅
店名：うかい亭
解说：以铁板烧为主的高级餐厅，使用最高级的食材和奢侈的装修风格，提供“非日常”的体验。
主打菜式：铁板料理
人均消费：7000 日元 ~
年营业额：125.7 亿日元

类型：拉面、中华料理
店名：来来亭
解说：1997年创立于滋贺县野洲市。特色为京都风酱油味的鸡汤汤底。
主打菜式：拉面
人均消费：700~800日元
年营业额：194亿日元

类型：盖饭、定食
店名：なか卯
解说：低价和氏快餐，主要为盖饭和京都风乌冬面。
主打菜式：盖饭、乌冬面
人均消费：400~500日元
年营业额：5440.3亿日元

类型：盖饭、定食
店名：やよい軒
解说：最初名为“めしや丼”，于2006年改名。定食中米饭可免费添加。
主打菜式：定食
人均消费：700~800日元
年营业额：1409.7亿日元

类型：盖饭、定食
店名：大戸屋ごはん処
解说：店铺直接进货蔬菜，保证鲜度，降低成本。
主打菜式：定食
人均消费：800~900日元
年营业额：256.2亿日元

类型：普通餐厅
店名：ガスト
解说：日本国内拥有1300多家店铺，以低价为卖点的综合性家庭餐厅。
主打菜式：西洋风家庭料理
人均消费：1000~1500日元
年营业额：3545.1亿日元

类型：普通餐厅
店名：ココス
解说：原名“Coco's”，最初以美式快餐为核心，之后逐渐转换为日式家庭快餐。
主打菜式：西洋风家庭料理
人均消费：1000~1500日元
年营业额：585.3亿日元

类型：普通餐厅
店名：デニーズ
解说：店内一直实行自助点餐，以减少人工费，今后计划在全店铺导入自助饮料服务。
主打菜式：西洋风家庭料理
人均消费：1000~1500日元
年营业额：823.9亿日元

类型：普通餐厅
店名：ロイアルホスト
解说：以高附加值路线获得欢迎。最初只有西洋类食物，今年逐步增加和食、中华料理、意大利料理等菜式，并定期推出各国限定料理。
主打菜式：西洋风家庭餐厅
人均消费：1000~1500日元
年营业额：1330.2亿日元

类型：普通餐厅
店名：サイゼリヤ
解说：一直贯彻低价路线，性价比高。店铺内装均装饰文艺复兴时期的名画。
主打菜式：意大利菜
人均消费：900~1000日元
年营业额：1483.1亿日元

类型：肉系快餐
店名：フライングガーデン
解说：以北关东为圆心展开的连锁店，目标是招牌菜“爆炸汉堡肉”的点单率达到50%。
主打菜式：汉堡肉
人均消费：1000~1500 日元
年营业额：71.5 亿日元

类型：乌冬、荞麦
店名：はなまるうどん
解说：吉野家旗下的乌冬店，以每年 30~40 家店铺的速度扩张。
主打菜式：乌冬面
人均消费：500~600
年营业额：1886.2 亿日元

类型：乌冬、荞麦
店名：丸亀製麺
解说：店内特意装潢为可直接观摩到乌冬面的制作过程的样式，顾客可以亲眼看到小麦粉转变为乌冬面的全过程。
主打菜式：乌冬面
人均消费：500~600 日元
年营业额：1017.8 亿日元

类型：乌冬、荞麦
店名：名代富士そば
解说：以在首都圈内的电车站前开店为特点的立食荞麦面店。
主打菜式：荞麦面
人均消费：400~500 日元
年营业额：20.1 亿日元

类型：拉面、中华料理
店名：一風堂
解说：创立于1985年，一改博多拉面店的“脏臭”形象，打造出女性也能轻松入店的清洁感。
主打菜式：拉面
人均消费：800~900 日元
年营业额：224.3 亿日元

类型：拉面、中华料理
店名：餃子の王将
解说：日本最大的饺子连锁店，专门设置工厂制作饺子，成为人气商品。
主打菜式：饺子、中华料理
人均消费：900~1000 日元
年营业额：750.8 亿日元

类型：拉面、中华料理
店名：大阪王将
解说：1969 年，作为餃子の王将的分店在大阪开始营业，推出了同名冷冻制品。
主打菜式：饺子、中华料理
人均消费：900~1000 日元
年营业额：263.0 亿日元

类型：拉面、中华料理
店名：味千ラーメン
解说：在中国拥有极高知名度的熊本拉面店，日本国内有 80 家分店，而中国有 680 家。
主打菜式：拉面
人均消费：600~700 日元
年营业额：21.0 亿日元

类型：拉面、中华料理
店名：天下一品
解说：京都发祥的拉面店，以鸡汤为汤底，使用大量蔬菜。
主打菜式：拉面
人均消费：700~800 日元
年营业额：53.0 亿日元

类型：肉系快餐
店名：あみやき亭
解说：以东海地区为中心的低价烤肉连锁店，可以家庭聚餐，也可以当作居酒屋喝酒消遣。
主打菜式：烤肉
人均消费：2000~3000 日元
年营业额：305.5 亿日元

类型：肉系快餐
店名：牛角
解说：日本最大的烤肉类连锁店，提供自助烤肉套餐。
主打菜式：烤肉
人均消费：2000~3000 日元
年营业额：2344.4 亿日元

类型：肉系快餐
店名：いきなり！ステーキ
解说：提出“没有前菜，直接上肉”的概念，菜品单价较低，用餐速度较快。
主打菜式：牛排
人均消费：1500~2000 日元
年营业额：223.3 亿日元

类型：肉系快餐
店名：ステーキガスト
解说：以牛排或汉堡肉搭配自助沙拉为基本形态，菜式丰富。
主打菜式：牛排、汉堡肉
人均消费：1000~1500 日元
年营业额：3545.1 亿日元

一

（いちじゅうさんさい）

汁

三菜

日本料理最为常见的膳食搭配，即为主食、三样菜和一种汤的组合形式。三种菜一般为一个主菜和两道副菜。如此一来，从主食摄取碳水化合物，从汤摄取水分，从主菜摄取蛋白质，从副菜摄取维生素，饮食结构更加健康。

一汁三菜

家庭菜肴走向便利

◆ 定食 ◆

说到传统和食，自然会提及“定食”这个概念。脑海中瞬间就会浮现出各色的小盘小皿小杯。菜色五花八门，量虽小，一种吃个四五口，最终也能撑到站不起来。

即使是在一般家庭中，日本人对于营养的搭配也是相当用心。就算你没有亲眼见过真正日本家庭的餐桌，在一向以“还原”著称的日剧或电影里，也能看到他们并不会因为这顿饭只给家里人吃，而出现丝毫的懈怠。

每当这时，就不得不佩服日本女性了。无论是全职的家庭主妇，还是拼搏事业的职场白领，都对料理兴致勃勃。如今，做出一份美观又丰富的料理，不仅能让家人满足，还可以分享在网络上获得更多的认同。反之，单身男士或是年长的族群，想要每天都吃上健康又营养的料理，相比之下似乎难了些。尽管现在有更多的单身男士走进了厨房，但他们对待料理更像是不得已而为之，并不像女性那样能够轻易地在料理上获得成就感；而对于年长的男性族群，从买菜到处理到烹调再到收拾餐具，更是困难重重。

但值得庆幸的是，日本是一个周到的国家。为了拯救这些为吃而犯难的人们，这些神奇的设施出现了。

タニタ食堂

◆ 特别顾问 / 木村俊郎 ◆

タニタ是著名的健康器材公司，也是世界上第一个以预防、改善肥胖为宗旨的企业。除了售卖脂肪秤等仪器外，更倡导大家健康的饮食生活。タニタ认为，只要改变了饮食生活，身体也会随之改变，而预防肥胖更是易如反掌。

在タニタ的官方网站上，可以搜索出大量的推荐食谱。这些菜谱基本遵循和食中“一汁三菜”的原则，并将热量控制在了一餐 500kcal 以内。通过大量摄取鱼肉、蔬菜，控制米饭和面包等主食的用量，精心定制了血糖值起伏较低的饮食方式，甚至通过规定用餐时间，一定程度上提高了睡眠质量。

为了更好地促进都市人的健康生活，タニタ还在日本全国十处设立了自己的食堂，只要抬起双腿，走进食堂，不仅可以吃到新鲜出炉的健康定食，还可以购买便当。这样方便的饮食生活，自然获得了上班族的一致好评。据调查显示，有顾客依据タニタ所提出的饮食指导瘦了 20kg，更有孕妇专程前往。

只靠吃，就能瘦！

ウエル清光会

◆ 特别顾问 / 竹内由起（料理师）◆

社会福利法人ウエル清光会至今已经开设了十家养老机构。除了居住环境明亮整洁、气氛活泼之外，对待食物的态度也非常认真。

为了减轻老人们心情上的压力，管理营养师会在适合老人食用的基础上，尽可能还原家庭料理的滋味。这样做出来的料理在盐分、糖分和热量上都有一定的节制，不仅有利于老人的健康，也适用于一般人。因此，ウエル清光会甚至会在午餐时间实行半开放，老人的家属们也可以吃到营养美味的食物。

由于ウエル清光会仅向老人提供白天的服务，也有不少家属担心无法在家提供一样健康的晚餐，为此，ウエル清光会也专门制作了食谱，食材仅需在超市购买，做法也非常简单。关注健康和体型的朋友们，不如也一起动手，试一试简单的家庭定食吧！

让老年人时刻品尝家的味道

『一汁三菜菜谱』

食谱提供：ウエル清光会

主菜

咖喱青花鱼

サバのカレー煮

制作方法：

❶ 在锅中加入水、酒、料酒，使其能够完全浸泡材料，开火煮沸。

❷ 加入砂糖、酱油、高汤粉和咖喱粉，制作汤汁。

❸ 将青花鱼放入制作好的汤汁中煮熟即可。

材料 /1 人份	分量（g）	热量（kcal）	蛋白质（g）	脂肪（g）	盐分（g）
青花鱼	60	234	11	14.3	1.4
酒	5				
料酒	3				
砂糖	5				
高汤粉	1				
咖喱粉	0.5				
酱油	5				

副菜 1

芝麻拌茼蒿

春菊のごま和え 36kcal

制作方法：

1. 将茼蒿切段，约 3cm。
2. 将胡萝卜切成丝。
3. 将水煮沸，倒入胡萝卜丝。
4. 胡萝卜煮软后，放入茼蒿。
5. 煮沸后取出，放入冷水中浸泡后沥干。
6. 加入高汤粉、砂糖和酱油调味。
7. 撒上白芝麻末。

材料 /1 人份	分量（g）	热量（kcal）	蛋白质（g）	脂肪（g）	盐分（g）
茼蒿	50	36	2.2	1.8	0.6
胡萝卜	10				
白芝麻末	3				
糖	2				
高汤粉	0.8				
酱油	1				

材料 /1 人份	分量（g）	热量（kcal）	蛋白质（g）	脂肪（g）	盐分（g）
秋葵	20	41	1.7	0.2	0.6
山药	50				
酱油	2.5				
高汤粉	0.5				

副菜

秋葵山药

オクラとろろ 41kcal

制作方法：

1. 将秋葵切成 1~2mm 的薄片，煮熟。
2. 研磨山药成泥。
3. 将秋葵和山药泥搅拌均匀，撒上酱油与高汤粉调味。

味噌汤 みそ汁

制作方法：

1. 将萝卜切成块，豆皮切丝。
2. 将青葱切成小段。
3. 将锅中放入水和高汤粉，煮沸后加入萝卜和豆皮。
4. 萝卜煮软后，加入味噌调味。
5. 关火后，加入青葱。

材料 /1 人份	分量（g）	热量（kcal）	蛋白质（g）	脂肪（g）	盐分（g）
萝卜	15	39	2.2	2.2	1.3
豆皮	5				
青葱	1				
水	160				
高汤粉	0.8				
味噌	8				

主菜

牛肉蔬菜卷

牛肉の野菜巻き

制作方法：

1. 将胡萝卜、牛蒡去皮，切成和扁豆同样长度同样粗细。
2. 将蔬菜分别焯水冷却。
3. 取 2—3 片牛肉片，均匀铺上淀粉。
4. 将胡萝卜、牛蒡和扁豆放在牛肉片上，卷起。
5. 锅中放水煮沸，加入高汤粉、砂糖、酒、酱油、料酒，制作汤汁。
6. 将卷好的牛肉卷放入汤汁内，注意不要散开，煮至牛蒡变软。
7. 将汤汁加入马铃薯淀粉勾芡，切段摆盘。

材料 /1 人份	分量（g）	热量（kcal）	蛋白质（g）	脂肪（g）	盐分（g）
牛肉片	50	174	11	7	0.8
扁豆	10				
胡萝卜	10				
牛蒡	20				
高汤粉	0.8				
砂糖	5				
酒	3				
料酒	5				
酱油	5				
马铃薯淀粉	2				

副菜 1

高野豆腐拌鸡蛋
高野豆腐の卵とじ

制作方法：

1. 将高野豆腐过冷水，切成小块，将洋葱切成末。
2. 锅中放水煮沸，加入高汤粉、砂糖、酱油，制作汤汁。
3. 将高野豆腐放入汤汁内，煮 15~20 分钟。
4. 再加入洋葱末、冷冻蔬菜倒入汤汁中。
5. 等洋葱煮熟后，倒入鸡蛋液，煮至蛋花后关火。

材料 /1 人份	分量（g）	热量（kcal）	蛋白质（g）	脂肪（g）	盐分（g）
高野豆腐	4	83	6.6	4.4	0.5
洋葱	10				
冷冻蔬菜粒	15				
鸡蛋	30				
高汤粉	0.3				
砂糖	2				
酱油	2				

副菜 2

凉拌腌黄瓜
きゅうりのあっさり和え

制作方法：

1. 将黄瓜洗净去皮。
2. 将黄瓜切成 2mm 的薄片，用热水浸泡，再用冷水冷却。

材料 /1 人份	分量（g）	热量（kcal）	蛋白质（g）	脂肪（g）	盐分（g）
黄瓜	50	10	1	0.1	0.5
咸海带	3				
腌菜料	5				

主菜

盐烤酱烧鸡肉

鶏肉の塩だれ焼き

制作方法：

1. 将鸡腿肉用盐烤酱腌制 15~20 分钟。

2. 将烤箱调至 180 度，烤 15~20 分钟。（也可用平底锅煎）

材料 /1 人份	分量（g）	热量（kcal）	蛋白质（g）	脂肪（g）	盐分（g）
鸡腿肉	70	140	11.3	9.8	0.1
盐烤酱	7				

副菜 1

煨炖南瓜

かぼちゃの含め煮

制作方法：

1. 将南瓜切成边长约 4cm 的小方块。
2. 将豌豆荚煮熟。
3. 锅中放水煮沸，加入高汤粉、砂糖、酱油，制作汤汁。
4. 将南瓜放入汤汁中煮，煮软后关火。
5. 摆盘后将豌豆荚放在南瓜上。

材料 /1 人份	分量（g）	热量（kcal）	蛋白质（g）	脂肪（g）	盐分（g）
南瓜	60	63	1.6	0.2	0.5
豌豆荚	10				
高汤粉	2				
砂糖	2				
酱油	3				

材料 /1 人份	分量（g）	热量（kcal）	蛋白质（g）	脂肪（g）	盐分（g）
茄子	25	20	0.6	0	0.5
襄荷	5				
黄瓜	10				
胡萝卜	5				
高汤粉	0.8				
砂糖	2				
酱油	3				

副菜 2

茄子拌襄荷

なすとみょうがの和え物

制作方法：

1. 将茄子、胡萝卜切成丁，黄瓜切片。
2. 将襄荷竖着对半切后，切成丝。
3. 锅中加水煮沸，依次放入胡萝卜和茄子。
4. 等胡萝卜煮软后，放入黄瓜和襄荷，之后马上捞出，用冷水冷却。
5. 放入高汤粉、砂糖、酱油调味。

主菜

番茄烩鸡肉

鶏肉のトマト煮

制作方法：

1. 将鸡肉、蔬菜切成小块。
2. 将西蓝花用盐水煮熟、冷水冷却。
3. 油炸茄子。
4. 将鸡肉、胡萝卜、洋葱放入锅中翻炒。
5. 在翻炒的料内加水，倒入清炖肉汤料，煮沸。
6. 加入番茄沙司、番茄酱、伍斯特辣酱和黄油，小火煮熟。
7. 调味，摆盘后加入茄子和西兰花。

材料 /1 人份	分量（g）	热量（kcal）	蛋白质（g）	脂肪（g）	盐分（g）
鸡肉	60	207	12.9	13.2	1.0
洋葱	20				
胡萝卜	20				
茄子	20				
色拉油	5				
西兰花	20				
番茄沙司	10				
番茄酱	5				
伍斯特辣酱	3				
清炖肉汤料	0.5				
黄油	5				

副菜 1

小松菜沙拉

小松菜サラダ

制作方法：

1. 将小松菜切成 3 ～ 4 厘米的长段。
2. 将胡萝卜和洋葱切末。
3. 锅中加水煮沸，依次放入胡萝卜、洋葱和小松菜。
4. 煮沸后捞出，过冷水后沥干。
5. 加入金枪鱼碎肉搅拌，加入蛋黄酱调味。

材料 /1 人份	分量（g）	热量（kcal）	蛋白质（g）	脂肪（g）	盐分（g）
小松菜	50	161	2.9	15.3	0.5
胡萝卜	10				
金枪鱼碎肉	10				
洋葱	5				
蛋黄酱	20				

材料 /1 人份	分量（g）	热量（kcal）	蛋白质（g）	脂肪（g）	盐分（g）
苹果	70	97	0.1	0.1	0.1
白葡萄酒	10				
砂糖	15				
盐	少许				
柠檬果汁	少许				

副菜 2

糖饯苹果

りんごのコンポート

制作方法：

1. 苹果去皮，切成八等份。
2. 苹果瓣下锅，加入砂糖，在锅中慢慢搅拌。
3. 加水没过苹果，倒入白葡萄酒，小火焖煮。
4. 等苹果软后，加入盐和柠檬果汁调味，关火。

毛豆饭
枝豆ご飯

主食

制作方法：

1. 将毛豆用盐水煮熟。
2. 淘好米，加入酒和盐，充分搅拌后，用电饭锅煮熟。
3. 煮好后加入毛豆。

材料 /1 人份	分量（g）	热量（kcal）	蛋白质（g）	脂肪（g）	盐分（g）
米	50				
毛豆	20				
酒	1				
盐	2				

材料 /1 人份	分量（g）	热量（kcal）	蛋白质（g）	脂肪（g）	盐分（g）
鸡肉	40	193	11.4	4.7	1.2
牛蒡	30				
胡萝卜	30				
莲藕	40				
干香菇	1				
芋头	30				
扁豆	10				
高汤粉	0.5				
酒	1				
砂糖	4				
酱油	7				

筑前煮

筑前煮

主菜

制作方法：

1. 将蔬菜、香菇、鸡肉切成一口大小，莲藕切成薄片，将莲藕和牛蒡先煮熟。
2. 锅中加水煮沸，加入扁豆和芋头以外的蔬菜，香菇和鸡肉。
3. 加入高汤粉、酒、砂糖和酱油， 煮熟。
4. 再加入芋头和扁豆，继续煮。
5. 煮至所有食材都变软，调味，关火。

副菜

卷心菜拌海带
キャベツの昆布加え

制作方法：

1. 将卷心菜切成小块，胡萝卜切成丝。细海带切成 2cm 左右的长段。
2. 将卷心菜、胡萝卜和细海带搅拌，加入高汤粉、砂糖和酱油调味。

材料 /1 人份	分量（g）	热量（kcal）	蛋白质（g）	脂肪（g）	盐分（g）
卷心菜	60	31	1.3	0.2	0.9
胡萝卜	5				
细海带	3				
高汤粉	0.5				
砂糖	2				
酱油	3				

材料/1人份	分量（g）	热量（kcal）	蛋白质（g）	脂肪（g）	盐分（g）
萝卜	20	31	1.5	1	1.3
胡萝卜	5				
蒟蒻	5				
油豆腐	2				
豆腐	10				
青葱	1				
高汤粉	0.8				
水	160				
酱油	3				
马铃薯淀粉	2				
盐	0.5				

制作方法：

1. 将萝卜、胡萝卜切成丁，蒟蒻、油豆腐切成丝。
2. 将豆腐切成边长 1cm 的小丁，过水。
3. 锅中加水，倒入高汤粉煮沸后，加入萝卜、胡萝卜、蒟蒻和油豆腐。
4. 食材煮软后，倒入酱油和盐调味，加入豆腐。
5. 马铃薯淀粉和水 1：1 搅拌，倒入锅中勾芡，关火。
6. 撒上青葱。

汤

松肉汤
けんちん汁

主食

盐曲炒猪肉

豚肉の塩麹炒め

制作方法：

1. 将五花肉薄片切成 1.5cm 左右的肉段，用盐曲腌制 20 分钟。
2. 将洋葱、胡萝卜、红彩椒切丝，西兰花用盐水煮熟。
3. 下锅翻炒猪肉片，之后加入洋葱、胡萝卜翻炒。
4. 猪肉片炒熟后，加入红彩椒和西兰花，简单翻炒后关火。

材料 /1 人份	分量（g）	热量（kcal）	蛋白质（g）	脂肪（g）	盐分（g）
五花肉薄片	40	248	7.2	19.1	0.2
洋葱	30				
胡萝卜	10				
西兰花	20				
红彩椒	20				
盐曲	10				

副菜 1

南瓜酸奶沙拉

かぼちゃのヨーグルトサラダ

制作方法：

1. 将南瓜切成边长 2cm 的小块，将黄瓜切成片。
2. 将洋葱和烤火腿片切成丝，胡萝卜切成丁。
3. 将南瓜煮熟，轻轻捣碎。
4. 锅中加水煮沸，依次放入胡萝卜、洋葱、黄瓜、烤火腿片。
5. 等胡萝卜煮软后，将锅中素材捞出沥干。
6. 将南瓜加入搅拌，倒入酸奶、蛋黄酱、清炖肉汤料、胡椒盐调味。

材料 /1 人份	分量（g）	热量（kcal）	蛋白质（g）	脂肪（g）	盐分（g）
南瓜	40	130	3.2	7.7	0.7
洋葱	10				
胡萝卜	5				
黄瓜	5				
烤火腿片	10				
酸奶	5				
蛋黄酱	8				
清炖肉汤料	0.5				
胡椒盐	0.1				

材料 /1 人份	分量（g）	热量（kcal）	蛋白质（g）	脂肪（g）	盐分（g）
豆腐	60	97	0.1	0.1	0.1
高汤粉	0.8				
砂糖	3				
酱油	3				
马铃薯淀粉	1.5				
蟹棒	10				

蟹酱勾芡豆腐
豆腐のかにあんかけ

制作方法：

1. 锅中加入 30mL 水，放入高汤粉、砂糖和酱油制作酱汁。
2. 将豆腐切成边长 4cm 的小块，放入酱汁中煮。
3. 豆腐煮熟后捞出，将蟹棒切碎倒入酱汁中。
4. 马铃薯淀粉和水 1:1 搅拌，倒入锅中勾芡，关火。
5. 撒上青葱。

清炖肉汤
コンソメスープ

制作方法：

1. 将洋葱、胡萝卜切成小块。
2. 锅中加水煮沸，放入玉米粒、洋葱、胡萝卜和清炖肉汤料炖煮。
3. 用盐和淡口酱油调味后，关火。
4. 放上香芹点缀。
5. 关火后，加入青葱。

材料 /1 人份	分量（g）	热量（kcal）	蛋白质（g）	脂肪（g）	盐分（g）
玉米粒	5	16	0.5	0.2	0.1
洋葱	10				
胡萝卜	5				
清炖肉汤料	1.5				
香芹	0.05				
水	160				
淡口酱油	2				
盐	0.2				

在日本，过节时吃什么？

时期	节日	特别料理
1月1日~3日	正月（お正月）	年饭、杂煮（おせち料理、お雑煮）
1月7日	人日（人日の節句）	七草粥（七草粥）
1月11日	开镜日（鏡開き）	镜饼、小豆汤（鏡餅、お汁粉）
2月3/4日	立春（節分）	惠方卷（恵方巻き）
3月3日	上巳日（上巳の節句）	散寿司（ちらし寿司）
春分的前后三天	春分（春彼岸）	牡丹饼（ぼた餅）
5月5日	端午节（端午の節句）	槲叶糕（柏餅）
7月7日	七夕（七夕の節句）	素面（そうめん）
9月9日	重阳节（重陽の節句）	菊花酒、栗子饭（菊酒、栗飯）
秋分的前后三天	秋分（秋彼岸）	彼岸团子（彼岸団子）
农历8月15日	中秋（十五夜）	赏月团子（月見団子）
11月15日	七五三（七五三）	千岁糖（千歳飴）
12月22/23日	冬至（冬至）	柚子汤、冬至粥（ゆず湯、冬至粥）
12月31日	除夕（大晦日）	跨年荞麦（年越しそば）

都道府县代表乡土料理大集合

北海道：成吉思汗料理 ジンギスカン

乡土料理，是日本各地精选当地食材、调味料和料理方法制作的传统料理。在当地吃当地的乡土料理，食材更新鲜，价格更便宜，还能促进当地的区域经济发展。

东北地区

茨城县
鮟鱇鱼料理
アンコウ料理

栃木县
咸鲑鱼头杂烩
しもつかれ

关东地区

群马县
蒟蒻料理
んにゃく料理

玉县
冷汤乌冬面
冷や汁うどん

千叶县
竹荚鱼泥
なめろう

东京都
深川饭
深川飯

神奈川
erahera 团
ラヘラ

新潟县
能平汤
のっぺい

富山县
鳟鱼寿司
マス寿司

北陆地区

石川县
治部煮
治部煮

福井县
越前荞麦
越前そば

中部 ● 东海地区

山梨县
馎饦
ほうとう

长野县
鲤鱼料理
鯉料理

岐阜县
厚朴叶酱
朴葉味噌

静冈县
樱虾料理
桜エビ料理

爱知县
鳗鱼饭
ひつまぶし

三重县
烤酱豆腐
豆腐田楽

近畿地区

滋贺县
鲫鱼寿司
フナ寿司

京都府
番菜
おばんさい

大阪府
章鱼小丸子
たこ焼き

兵库县
野猪肉锅
ぼたん鍋

奈良县
茶焖饭
茶飯

和歌山县
目瞪寿司
めはり寿司

中国地区

鸟取县
野烤飞鱼
アゴのやき理

岛根县
割子荞麦
割子そば

冈山县
醋腌青鳞鱼
ままかり酢漬け

广岛县
生蚝料理
牡蠣料理

山口县
岩国寿司
岩国寿司

德岛县
荞麦米杂烩粥
そば米雑炊

香川县
赞岐乌冬面
讃岐うどん

四国地区

爱媛县
鲷鱼素面
鯛そうめん

高知县
大盘什锦菜
皿鉢料理

九州・冲绳地区

福冈
钩凝菜
おきゅうと

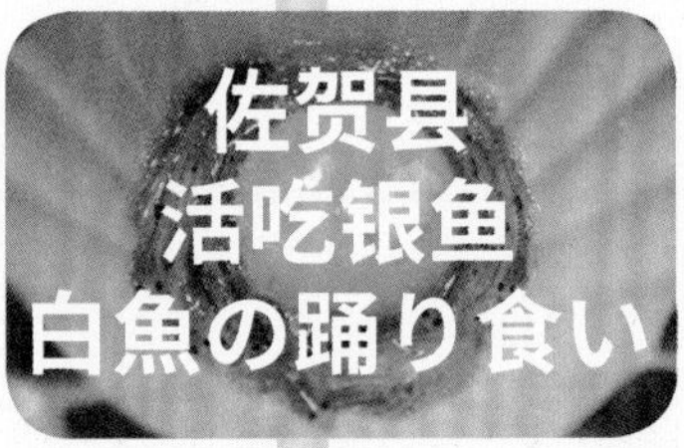
佐贺县
活吃银鱼
白魚の踊り食い

长崎县
什锦汤面
ちゃんぽん

熊本县
马肉料理
馬肉料理

大分县
手抻丸子汤
手延べ団子汁

宫崎县
竹桶鸡
かっぽ鶏

鹿儿岛县
银带鲱鱼料理
キビナゴ料理

冲绳县
苦瓜什锦小炒
ゴーヤチャンプルー

日本料理准则

（五法、五味、五色、五感）

料理五法

切、烤、煮、蒸、炸

五色

白、黑、黄、红、青

五味

甜、酸、咸、辣、鲜

五感

视觉、听觉、味觉、
嗅觉、触觉